감각
통합
놀이

3~7세 우리 아이 발달을 자극하는 감각놀이 172

감각
통합
놀이

석경아, 변미선, 강은선

SOULHOUSE

아이들의 건강하고
즐거운 성장을 위한 감각놀이

평소 걸어 다니거나 수저로 밥을 먹는 등 일상에서 행해지는 자연스러운 행동들이 우리가 날 때부터 할 수 있었던 것은 아닙니다. 이런 행동들은 사실 어려서부터 계속된 훈련과 노력의 결과입니다. 그러나 성인이 돼서는 이런 행동이 너무 자연스럽고 당연하게 이루어지다보니 이런 기초적인 행동에 대한 중요성을 잊어버리게 됩니다. 그래서 부모들은 어린 자녀를 양육할 때 대근육과 소근육의 협업과 감각의 통합에 대한 중요성보다는 지식적인 인지발달에 더 많은 관심을 갖게 되는 것 같습니다.

인지발달 이론의 거장 피아제는 영유아기의 인지는 감각 운동을 얼마나 잘 수행하느냐에 달려있다고 하였으며, 이 시기의 발달을 측정하는 베일리 검사의 모든 영역은 감각운동 영역입니다. 이처럼 모든 것에 우선하여 인지발달의 기본은 '감각의 활성화와 통합'이라는 점을 우리는 다시 한번 상기해야 할 필요가 있습니다.

그렇다면 어떻게 아이들의 감각을 발달시키고 통합시킬 수 있을까요? 그 답은 사실 우리 가까이에 있습니다. 《감각통합놀이》에는 생활 속에서 엄마와 아빠, 그리고 형제들이 함께 놀이를 통해 감각의 통합을 발달시킬 수 있는 다양한 방법들이 소개되어 있습니다. 집에 있는 다양한 소품을 가지고 언제 어디에서나 손쉽게 아이와 가족이 함께 재미있는 시간을 보낼 수 있는 놀이입니다.

《감각통합놀이》의 저자들은 감각통합전문가이자 가족상담전문가입니다. 아이의 건강한 발달과 성장은 가족과의 긍정적 상호작용 속에서 가능하며, 건강한 관계는 건강한 애착 관계를 수반한다는 것을 잘 알고 있습니다. 감각과 인지, 정서의 발달은 각각 따로 이루어지는 것이 아니라 동시에 이루어지는 것이기에, 이 놀이들은 비단 아이들의 감각 발달에만 국한하지 않고 가족 모두 신체적, 인지적, 정서적 스킨십을 나눌 수 있다는 점에서 가족의 놀이입니다. 이 책에서 소개하는 다양한 감각놀이를 통해 가족들이 즐거운 시간을 보내고, 서로의 온기를 나눌 수 있게 된다면 정말 좋겠습니다.

연세대학교 생활환경대학원 가족상담전공 객원교수
연세솔루션상담센터 공동대표 어주경

요즘 같이 코로나가 대유행하는 시기에는 아이들의 다양한 감각놀이 또한 상대적으로 제한될 수밖에 없습니다. 그래서인지 부모와 함께 가정에서 즐길 수 있도록 다양한 감각놀이를 소개하고 있는 《감각통합놀이》가 그 어느 때보다 반가움을 더해주고 있습니다.

이 책에서는 놀이라는 차원에서 한 단계 더 나아가 '감각과 감각통합'이라는 주제를 깊이 있게, 그러나 독자가 이해하기 쉽게 전달하고 있습니다. 일반적으로 잘 알려진 촉각, 시지각, 청지각뿐 아니라 감각통합에 중요한 고유수용성감각과 전정감각까지 체계적으로 설명하고 있습니다. 또한 이론과 함께 감각놀이의 단계별 과정, 난이도의 조절, 다양한 기법들을 엄마의 마음으로 소개하고 있어 아이와 함께 읽고 감각놀이에 참여하는 가족에게 더없이 좋은 놀이 교과서가 될 것이라 여겨집니다.

연세대학교 작업치료학과 연구교수 김정현

《감각통합놀이》의 놀이 하나하나를 따라가다 보면 자연스럽게 아이에게는 발달에 대한 자극을, 부모에게는 양육에 대한 방향성을 선사할 것으로 생각합니다. 특히, 아이의 감각통합 발달이라는 매우 중요하지만 어려운 내용을 너무나 쉽게 설명해 놓았습니다. 많은 부모들이 이 책의 설명을 통해 아이들이 어릴 때 어떻게 감각을 느끼고 지각하는지에 대한 관심을 가지고, 민감하고 수용적인 태도를 가지는 데 도움을 받을 수 있을 것입니다.

한정된 시간에 어떻게 질적인 놀이 시간을 보낼 수 있는지 고민하는 부모님, 혹시나 내 아이가 발달이 느린 것은 아닌지 고민을 거듭하는 부모님이라면 꼭 첫 장부터 마지막 장까지 한 줄도 놓치지 말고 정독하길 권합니다.

양천어린이발달센터 센터장, 언어재활사 이지현

감각통합은 아이들의 몸과 마음의 건강한 성장을 위한 기초공사와 같습니다. 아동의 건강한 발달을 위해 정서적 안정감과 다양하고 균형 있는 감각 경험이 필요합니다. 《감각통합놀이》는 생소하고 어려울 수 있는 감각통합 이론과 활동을 누구나 쉽게 이해할 수 있도록 잘 설명하고 있습니다. 우리 아이가 어떤 감각 때문에 그런 행동을 하는지, 우리 아이에게 필요한 감각 활동이 무엇인지에 대한 답을 제시합니다.

열정을 가지고 오랜 시간 아이들을 만나온 세 분의 전문가 선생님들의 노하우가 가득 담겨 있는 《감각통합놀이》. 감각통합의 어려움이 있는 아이들뿐만 아니라 모든 아이들의 건강한 발달을 위한 놀이 책으로 적극 추천하고 싶습니다.

리틀포레스트 아동발달연구소 소장 남은정

일상의 작은 놀이 활동이
아이를 더 행복하고 건강하게
성장하게 합니다

작년 여름, 아이 친구들과 함께 모래사장이 있는 해변에 갔습니다.
"와, 신난다. 엄마, 나는 모래성을 쌓을 거예요."
다른 아이는 울상을 짓고 말합니다.
"나는 모래가 정말 싫어. 절대 들어가지 않을 거야"
똑같은 상황에서도 아이들은 각기 다른 반응을 합니다.
내 배 속으로 낳은 아이지만 왜 이러는지 알 수 없을 때가 종종 있습니다. 이렇듯 아이를 낳고, 기르는 과정은 모든 엄마에게 낯설고 어려운 일입니다.

"왜 우리 아이는 그네를 타지 않으려고 하는 걸까?"
"왜 자꾸 턱에 걸려 넘어지는 걸까?"
"왜 양말 신는 것을 거부할까?"
"왜 머리 말릴 때마다 드라이기 소리가 싫다고 우는 걸까?"

일상에서 마주하는 아이의 예상치 못한 반응에 부모는 다양한 의문이 생기기 마련입니다. 이것은 아이마다 예민하게 반응하는 감각과 둔감하게 반응하는 감각이 다르기 때문입니다. 평소 아이의 행동을 유심히 관찰하여 우리 아이에게 어떤 감각 처리가 어려운지 알아차린다면 아이를 양육하는 과정이 조금 더 수월해지고, 아이를 이해하는 데 도움이 됩니다. 또한, 아이의 놀이 시간을 통해 아이에게 필요한 감각들을 적절하게 제공할 수 있습니다. 이러한 놀이 경험들이 쌓여 아이에게 다양한 긍정적인 영향을 줄 수 있으며 아이가 꺼리는 놀이를 할 때는 도구를 바꾸거나 감각 자극의 양을 조절해줌으로써 아이가 자연스럽게 놀이에 접근할 수 있도록 도와줄 수 있습니다. 편안한 놀이 환경 속에서 아이는 또 다른 성취를 느끼며 함께 놀이하는 엄마를 더욱 신뢰할 수 있게 됩니다.

어느덧 감각통합치료사로 아이들을 만나온 지 10년이 훌쩍 지났습니다. 이 시간을 통해 일상의 작은 놀이 활동이 아이에게 어떠한 변화를 주는지 직접 보고, 느낄 수 있었습니다. 놀이에서 가장 중요한 것은 바로 아이들의 동기와 성취입니다. 아이들은 스스로 자기가 좋아하고, 필요한 것에 자연스럽게 흥미를 느끼고, 그것을 바탕으로 놀이를 변화시키고 확장해 갑니다.

이 책의 주요 대상인 만 3~5세의 아이들은 특히 몸과 관련된 감각놀이를 많이 합니다. 생활 속에서 아이가 주로 어떠한 놀이를 즐겨하는지를 관찰하면 아이가 좋아하는 감각을 알 수 있으며, 그것을 토대로 점차 다양한 감각놀이로 확장해 나갈 수 있습니다. 이런 다양한 감각놀이 경험을 통해 아이는 자존감이 향상되고, 자기를 잘 표현할 수 있게 됩니다.

《감각통합놀이》는 감각에 대한 설명과 함께 감각 처리가 어려울 경우 아이에게 어떤 행동을 보이는지 일반적인 부모가 이해하기 쉽게 풀었습니다. 또한 이러한 아이들에게 어떠한 감각놀이를 하면 도움이 되는지 소개하였습니다. 단순히 집에서 할 수 있는 놀이 활동만을 알려주는 것이 아니라 그 과정을 통하여 아이에게 어떠한 긍정적인 효과를 주는지 알 수 있도록 설명하였습니다. 이 책에 있는 대응 방법들과 놀이를 사용한다면 좋아하는 감각놀이를 찾아다니는 아이들도, 특정 감각이 예민해 놀이에 잘 참여하지 않았던 아이들도 모두 더 많은 놀이를 즐겁게 경험할 수 있을 것입니다.

이 책의 모든 놀이를 함께한 하은이와 하진이가 오늘도 말합니다.
"엄마, 활동 또 언제 해요? 엄마랑 함께 노는 시간이 너무 좋아!"
이 책 안에 수록된 놀이를 아이들과 함께하면서 참 많이 웃었고, 행복했습니다.
놀이하는 동안 엄마는 즐거워하는 아이의 표정을, 아이는 엄마의 사랑스러운 눈빛을 한 번 더 보며 서로에게 행복한 시간이 되길 바랍니다.

석경아, 변미선, 강은선

이 책으로 보다 즐거운 감각놀이를 하는 방법

1. 평소 아이의 행동이나 놀이를 유심히 관찰하고 감각별 설명의 체크리스트로 점검해봅니다.
2. 체크가 많이 된 항목에 해당하는 놀이를 펼칩니다. 하지만 아이가 원하지 않는다면 아이가 직접 원하는 놀이를 고르는 것도 좋습니다.
3. 준비물과 사전 준비는 보호자가 도와주며 놀이 순서대로 아이와 함께 활동합니다.
4. 놀이의 모든 과정과 결과가 완벽하지 않아도 됩니다. 아이와 함께 놀이의 과정을 즐기며 아이의 감각을 충분히 자극해주세요.
5. 놀이 후 확장 팁을 사용하여 더욱 신나게 놀아보세요.
6. 아이의 반응에 따라 감각별 대응 방법을 참고하여 놀이를 도와줄 수 있습니다.

★효과를 위해서 활동을 무리하게 진행하지는 않도록 합니다. 아이에게 불편하면 언제든 놀이를 중단할 수 있다고 알려주세요. 아이에게 그 약속이 안전 바가 되어 더 편안한 마음으로 놀이를 즐길 수 있게 도울 것입니다.

아이를 관찰해보고 해당하는 항목에 체크해보세요. 체크 사항이 많다면 우리 아이를 도와줄 감각놀이가 필요합니다.

아래 체크리스트에 체크 사항이 많다면 해당 페이지의 놀이가 특히 더 도움이 됩니다.

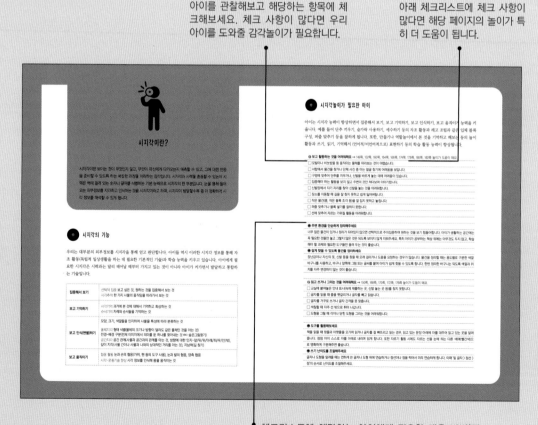

체크리스트에 해당하는 아이에게 필요한 대응 방법(전략)입니다. 아이가 불편해하는 활동을 할 때 이 대응 방법을 활용하면 불편함을 극복하는 데 도움이 됩니다.

놀이 전 기억해주세요

1. 활동 내용을 살펴보고 준비물은 미리 준비합니다. 아이와 함께 준비물을 찾으면서 흥미도를 높여주세요.
2. 활동할 공간의 장애물을 미리 정리하면 안전하게 활동할 수 있으며 아이의 집중력도 높일 수 있습니다.
3. 바닥에는 두껍고 푹신한 매트를 깔아주면 좋습니다. 바닥이 더러워지기 쉬운 활동의 경우
   놀이매트(김장매트)를 깔아주고 더러워져도 되는 옷을 준비합니다.
4. 격한 신체놀이를 시작할 때에는 "하나, 둘, 셋!" "시작!" 등의 구호로 신호를 주어
   미리 마음의 준비를 하도록 합니다.

이 놀이에서 느낄 수 있는 다섯 가지 감각 자극의 양을 별로 표현했습니다.
★ 감각 자극이 미미함 / ★★ 감각 자극이 조금
★★★ 감각 자극이 보통 / ★★★★ 감각 자극이 많음
★★★★★ 감각 자극이 아주 많음

놀이의 단계를 표시한 것으로 1단계가 가장 쉽고 3단계가 가장 어렵습니다. 이 난이도 기준은 아이들의 운동 발달 및 인지적 수준입니다.

놀이를 더 쉽게 진행할 수 있는 팁입니다.

안전과 관련된 주의 사항이니 꼭 확인해주세요.

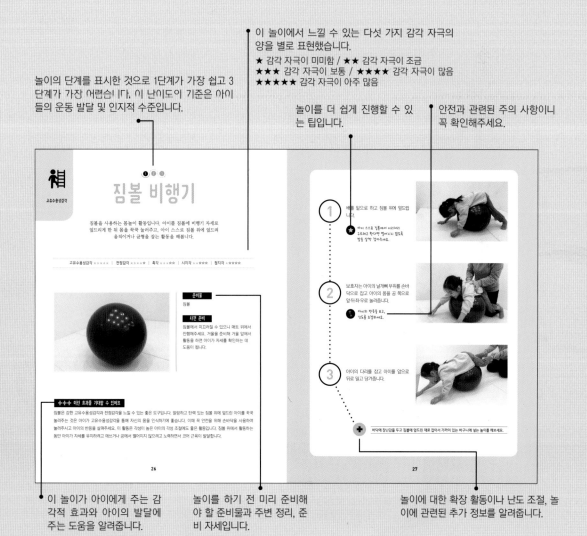

이 놀이가 아이에게 주는 감각적 효과와 아이의 발달에 주는 도움을 알려줍니다.

놀이를 하기 전 미리 준비해야 할 준비물과 주변 정리, 준비 자세입니다.

놀이에 대한 확장 활동이나 난도 조절, 놀이에 관련된 추가 정보를 알려줍니다.

추천사 · 4

머리글 · 6

이 책의 활용법 · 8

감각통합과 우리 아이 · 14

고유수용성감각

고유수용성감각이란? 20

매트 미끄럼틀 22

매트 터널놀이 24

짐볼 비행기 26

수건 줄다리기 28

메롱놀이 30

뚝딱뚝딱 공구놀이 32

빨래 널기 34

쓱싹쓱싹 청소놀이 36

손바닥 걷기 38

뽀글뽀글 세차놀이 40

비눗방울 기차 42

로켓 발사 44

집게놀이 46

얼음 속 장난감 구출 48

손·발바닥 씨름 50

칙칙폭폭 상자 기차 52

딩동, 택배 왔어요 54

주스 마실 사람 56

빨대 축구 58

줄을 피해라 60

신문지 격파 62

손전등 보물찾기 64

징검다리 건너기 66

거미줄 탈출 68

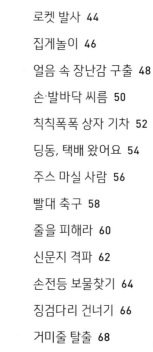

전정감각

전정감각이란? 70

이불 김밥말이 72

흔들흔들 이불 그네 74

이불 썰매 76

날아라 비행기 78

높이높이 목말 80

똑딱똑딱 시계추 82

빙글빙글 회전의자 84

데굴데굴 쿵 86

둥글게 둥글게 88

짐볼 점프 90

등 시소 92

거꾸로 그림 맞추기 94

짐볼 앞구르기 96

소똥구리놀이 98

코끼리 코 빙글빙글 100

물구나무서기 102

촉각

촉각이란? 104

두부 케이크 만들기 106

마카로니 쿠키 만들기 108

울퉁불퉁 알통놀이 110

수수깡 눈이 내려요 112

로션 썰매 타기 114

전분 액체 괴물 116

골판지 빨래하기 118

주룩주룩 비가 내려요 120

어떤 모양일까? 122

미라 만들기 124

고슴도치 만들기 126

과일 주스 만들기 128

플레이콘 집 만들기 130

신문지 옷 만들기 132

김밥 만들기 134

호떡 만들기 136

쿠키 만들기 138

유부초밥 만들기 140

주머니 안에 무엇이 있을까? 142

시지각

시지각이란? 144

비눗방울 야구 146

대롱대롱 과자 따먹기 148

미로 찾기 150

우리집 다른 물건 찾기 152

스티커 붙이기 154

퍼즐 맞추기 156

누가누가 높이 쌓나 158

뚜껑 짝 맞추기 160

종이비행기 접기 162

풍선 배드민턴 164

어디어디 숨었나? 166

주차장놀이 168

같은 글자 찾기 170

냉장고 만들기 172

지그재그 골프 174

우리 집 내비게이션 176

쌍둥이 블록 만들기 178

양말 짝꿍 찾기 180

종이컵 보물찾기 182

청지각

청지각이란? 184

퉁탕퉁탕 악기놀이 186

어떤 소리일까? 188

어디서 소리가 나지? 190

즐겁게 춤을 추다가 그대로 멈춰라 192

둥근 해가 떴습니다 194

빈 병 연주하기 196

노래 제목 맞히기 198

깃발 들기 200

놀이터·키즈카페

놀이터·키즈카페 202

미끌미끌 미끄럼틀 204

대롱대롱 철봉 205

흔들흔들 그네 206

올라갔다 내려갔다 시소 207

빙글빙글 뺑뺑이 208

다그닥다그닥 말타기 209

갸우뚱갸우뚱 흔들다리 209

영차영차 암벽타기 210

슝 날아간다 볼풀놀이 210

부릉부릉 탈것놀이 211

후드득 떨어져요 편백놀이 212

점프점프 트램펄린 213

누가누가 많이 잡나 낚시놀이 214

높이 더 높이 블록놀이 215

감각통합과 우리 아이

01 감각과 감각통합

'감각'이란?

우리는 흔히 '감각'이라고 하면 만지고, 보고, 듣고, 냄새 맡고, 맛보는 다섯 가지 감각, 즉 '촉각, 시각, 청각, 후각, 미각'을 생각합니다. 이 감각들은 외부의 자극 때문에 우리가 느끼게 되는 것으로 '외부감각'이라고 부릅니다. 이 다섯 가지 외부감각 외에 우리의 눈에는 보이지 않는 '내부감각'이 존재합니다. 내부감각은 어떤 움직임을 만들기 위해 자세를 조절하여 바꿀 수 있도록 하는 '고유수용성감각'과 중력을 감지하여 균형을 잡는 '전정감각'을 말하는 것으로 아이의 발달 및 일상생활에 있어서 중요한 감각입니다.

내부감각	외부감각
고유수용성감각 근육이나 관절을 통해 들어온 감각 자극으로 내 몸이 어디에 위치하고 어떻게 움직이는지 알려주는 감각 **전정감각** 머리의 위치에 따라 느끼는 감각으로, 균형을 잡을 때 중요한 감각	**촉각** 피부를 통해 자극을 느끼고 위험으로부터 보호하거나 구별하는 감각 **시각** 눈을 통해 외부 자극을 보고 인식하거나 변별하는 감각 **청각** 귀를 통해 소리를 듣고 변별하는 감각 **후각** 코를 통해 냄새를 맡고 변별하는 감각 **미각** 혀를 통해 맛을 느끼고 변별하는 감각

'감각통합'이란?

감각통합이란 일상생활을 위해 신체 내부의 감각 정보와 외부로부터 받아들인 정보를 조직화하는 과정을 말합니다. 공간 안에서 자기 몸의 움직임이나 위치가 어떻게 되었는지를 아는 것, 만지거나 닿는 것을 느끼는 것, 보는 것, 듣는 것 등의 감각 정보를 조합해 인식하고 변별하는 처리 과정을 통해 주위의 상황을 알고 이에 어울리는 움직임을 계획하고 실행하는 과정입니다. 이는 뇌에서 일어나는 것으로 우리 눈에는 보이지 않는 신경학적 처리 과정입니다.

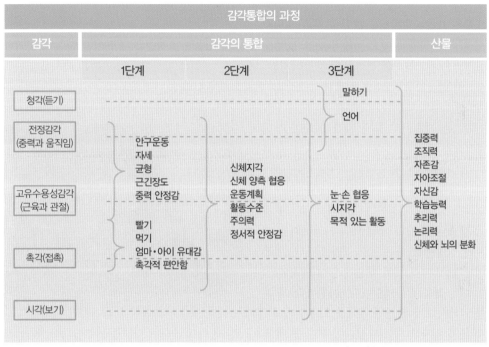

출처 《감각통합과 아동》 A.Jean Ayres, 군자출판

02 아이의 일상에서의 감각통합

감각통합은 우리 아이가 생활하는 일상에서 계속 발생합니다. 아침에 눈을 뜨자마자 이불의 촉감을 느끼고 이불을 잡고 걷어내는 과정에서부터 고유수용성감각과 촉각을 사용합니다. 세수하고, 밥 먹고, 유치원에 가기 위해 옷을 입고 가방을 메는 행동, 유치원에 가서 선생님과 친구들에게 인사하고, 뛰어놀거나 장난감을 가지고 노는 행동 등이 모두 시각, 청각, 고유수용성감각, 전정감각, 촉각 등 여러 감각을 느끼고 사용하는 활동입니다.

사진 속 지우가 그림을 그리는 동안 느끼는 감각들을 한번 자세히 살펴볼까요?

지우는 ①의자에 앉아있는 행동에서는 고유수용성감각과 전정감각을, ②연필을 쥐는 동작에서는 고유수용성감각과 촉각을, ③도형을 그리는 동작에서는 전정감각과 고유수용성감각, 촉각, 시각을 느끼고 사용하고 있습니다.

그림을 그리는 한 가지 활동을 하기 위해서도 아이는 의자에 앉고 연필에 쥐고 도형을 그리는 다양한 움직임을 만들어야 하는데 이러한 움직임은 감각통합의 결과물로 만들어지는 것입니다. 이러한 감각통합의 과정은 의식적이든 무의식적이든 지우의 하루 동안 매 순간 이루어지고 있습니다.

이번에는 지훈이의 등원 시간도 한번 살펴볼까요?

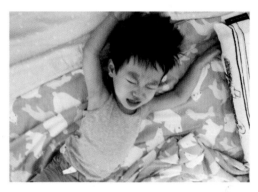

네 살 지훈이는 애교 많고 사랑스러운 아이로 가족들의 사랑을 듬뿍 받고 있습니다. 그렇지만 엄마는 지훈이가 이해되지 않는 부분이 많습니다. 특히 아침 등원 시간마다 지훈이와 실랑이를 하는 것이 고민입니다. 지훈이는 밤에 자주 깨기 때문에 항상 아침에 일어나는 것을 힘들어합니다. 아침마다 30분을 달래서 겨우 일어난 후에도 화장실의 환풍기 소리가 크다며 화장실에 들어가기 무서워하고, 새 옷을 입자고 하니 따갑다며 짜증을 내고 이상한 냄새가 난다며 입기를 거부합니다. 결국 작아진 헌 옷을 입혔습니다. 아침밥으로 준비한 볶음밥은 초록색 채소가 보인다며 다 빼달라고 합니다. 신발장에서 자기 신발을 찾을 때도 시간이 오래 걸려 결국 엄마가 도와줍니다. 이외에도 지훈이의 요구는 끝이 없어 계속 맞춰주기도 너무 힘들고, 혼도 내봤지만 울음소리만 더 커질 뿐 효과는 없었습니다. 엄마는 지훈이를 도와주고 싶지만, 도무지 이유를 알 수가 없습니다.

그렇다면 우리 지훈이가 왜 이럴까요? 사실 지훈이는 등원 전의 활동에서 여러 가지 감각 경험이 불편하기 때문입니다.

지훈이가 아침 준비 시간에 사용하는 감각 활동을 살펴봅시다.

먼저 지훈이는 아침에 만나는 외부감각 중 ①화장실 환풍기 소리(청지각), ②따가운 옷(촉각), ③새 옷 냄새(후각) ④채소의 쓴맛(미각), ⑤신발 찾기(시지각) 등의 감각이 불편합니다. 또한 ①일어나서 화장실을 찾아 걸어가는 것, ②옷을 입기 위해 팔을 구멍에 맞게 끼우는 것, ③음식을 먹기 위해 의자에 앉은 자세를 유지하는 것 등 내부감각인 전정감각과 고유수용성감각이 포함된 활동이 불편합니다.

이처럼 어떠한 행동 하나를 하기 위해서는 여러 감각이 복합적으로 사용되며, 이를 뇌에서 무의식적으로 통합하고 처리해야만 목적 있는 행동을 할 수 있습니다. 감각통합은 각성(뇌가 깨어있는 상태)에도 영향을 주어 수면을 조절하기도 합니다. 외부감각을 너무 예민하거나 둔하게 받아들이는 경우, 잠이 들어야 할 때 소리를 지르거나 움직임이 많아지기도 하고, 반대로 일어나야 할 때 일어나지 못하고 멍한 상태가 되기도 합니다.
지훈이처럼 예민한 반응을 보이는 아이의 행동을 관찰해보면 불편해하거나 어려워하는 감각을 파악할 수 있습니다. 불편한 감각을 파악하고 나면 감각통합놀이를 충분하게 하고 일상에서의 활동에 앞서 아이의 행동을 예측하고 대안을 사용하여 도움을 줄 수 있습니다.

03 감각통합의 어려움이 있다면?

감각통합은 타고 나는 것이 아니라 경험과 교육을 통해 습득하는 것입니다. 때문에 어른이더라도 감각을 완벽하게 조직화할 수 없으며, 발달 과정 중에 있는 아이들은 더더욱 어렵습니다. 아이들은 성장하면서 감각을 통합하는 과정을 자연스럽게, 혹은 경험적으로 익히게 되는데 그 과정에서 일부 아이들은 특정 감각에 유독 예민하거나 특정 감각을 지나치게 좋아하기도 합니다.

감각통합이 어려운 아이들은 유아기 때 같은 나이의 아이들에 비해 뒤집기, 앉기, 기기, 서기를 못 하거나 느릴 수 있습니다. 유치원이나 어린이집에서는 눈, 귀, 손, 신체로 들어온 정보를 잘 통합하지 못하기 때문에 어눌해 보이거나 다른 아이에 비해 놀이를 잘하지 못하는 것으로 보이기도 합니다. 또 색칠하기, 가위로 자르기, 풀로 붙이기 등과 같이 도구를 사용하는 활동을 어려워하고, 화를 쉽게 자주 내거나 우는 등 친구들과 같이 노는 것을 어려워할 수 있습니다.

감각통합에 어려움을 갖는 아이들은 자칫하면 '사회성이 안 좋은 아이, 말 안 듣는 아이'로 여겨질 수 있습니다. 그래서 자칫 아이의 어려움을 이해하지 못하고 강하게 훈육하기도 하고 일부러 특정 문제행동을 반복한다고 오해하는 경우도 생깁니다. 따라서 아이의 행동과 반응을 주의 깊게 관찰하고 그 이유를 파악한다면 아이를 더 잘 이해하고 도와줄 수 있습니다.

04 감각통합이 잘 되는 아이들은?

감각통합은 자조 활동(씻기, 옷 입기 등 독립적 일상생활을 하는 데 필요한 기본적인 기술), 놀이, 학습 활동 등 아이의 생활 전반에 영향을 줍니다. 감각통합이 잘 되는 아이들은 일상생활에서 하는 자조 활동을 쉽게 익히고 순서에 맞게 스스로 해냅니다. 그리고 다른 친구들과 노는 것을 어려워하지 않고 다양한 외부 자극에 능동적으로 대처할 수 있습니다. 또한, 읽기와 쓰기 활동에서도 줄에 맞춰 글자를 읽고 변별하며, 바른 자세로 연필을 알맞은 힘으로 잡고 쓸 수 있습니다. 이러한 과정과 성취를 통해 아이는 효능감을 느끼고 새로운 활동을 할 때도 자신감을 얻기 때문에 더 쉽게 다음 발달 단계로 나아갈 수 있습니다.

- 글자 읽기, 쓰기를 어려워하지 않습니다.
- 옷 입기, 양치하기, 세수하기 등 일상생활 활동을 잘합니다.
- 긴 시간 동안 의자에 앉아있을 수 있습니다.
- 놀이터에서 다양한 기구를 다양한 방법으로 이용할 수 있습니다.
- 줄 서기, 차례 지키기 등을 잘합니다.
- 활동의 순서를 알고 수행할 수 있습니다.
- 자신이 싫어하는 감각 자극을 알고 표현하거나 도움을 요청할 수 있습니다.

- 자세와 움직임을 조절할 수 있게 되어 넘어지거나 부딪히는 횟수가 줄어듭니다.
- 새로운 활동에 대해 자신감을 가지고 시도할 수 있습니다.
- 친구들과의 활동에서 신체 접촉을 적절하게 할 수 있습니다.
- 활동할 때 정서적인 안정감을 느낍니다.

05 우리 아이 어떻게 달라질 수 있을까요?

이 책에서는 아이들의 생활, 학습, 놀이에 영향을 주는 감각, 즉 고유수용성감각, 전정감각, 촉각, 시지각, 청지각 등 5가지 감각에 대해 알아보고 아이들의 감각을 자극할 수 있는 놀이를 소개합니다. 아이마다 선호하는 감각이 있기도 하고 예민한 감각이 있기도 합니다. 감각통합에 대해 인지하고 아이들의 감각적인 특성을 이해한다면 아이들이 보내는 신호를 빨리 알아채고 그에 따라 반응하고 대처할 수 있습니다. 아이의 감각계가 불균형하면 특정 감각에 예민하거나 지나치게 선호하게 되니 감각통합 활동 및 놀이를 통해 균형을 맞추는 것이 필요합니다.

《감각통합놀이》에서 소개한 다양한 감각놀이로 더 많은 경험을 하게 도와주세요. 평소 엄마아빠와 집에서 쉽게 하던 놀이, 아이가 좋아해서 반복하던 놀이에 어떠한 감각 자극이 숨겨져 있는지 알 수 있습니다. 따라서 아이에게 더 즐거운 놀이 경험을 주는 것은 물론 새롭고 다양한 감각 자극을 줄 수 있고, 대동작과 소동작의 발달 및 협응 능력, 학습 능력과 관련된 시지각, 청지각 기능 등을 촉진할 수 있습니다.

또한, 이 책에는 우리 아이가 어려워하는 감각놀이를 할 때 보다 쉽게 놀이에 참여할 수 있도록 도움을 주는 놀이 팁과 대응 방법이 제시되어 있습니다. 아이에게 맞는 감각적인 대응법과 놀이 방법을 통해 아이가 평소에 어려워하거나 꺼렸던 활동에 접근할 수 있으며, 아이 수준에 맞는 활동, 또는 확장 방법을 사용해 놀이를 변화시킬 수도 있습니다.

《감각통합놀이》로 더 많은 놀이와 활동의 경험을 가지게 해주세요. 이러한 경험은 아이에게 더 큰 즐거움과 성취를 느끼게 해줄 것입니다.

고유수용성감각이란?

고유수용성감각은 우리 몸 안에서 느끼는 내부감각입니다. 어떤 행동을 하기 위해 근육이 수축하는지 이완하는지, 관절을 구부리는지 펴는지, 잡아당겨지는시 눌리는시에 대한 감각을 우리 뇌에 보내어 내 몸이 어디에 있는지, 무슨 행동을 하는지 알 수 있습니다.

 ## 고유수용성감각의 기능

고유수용성감각의 발달을 통해 우리는 눈으로 확인하지 않아도 내 몸의 어떤 부분이 어느 속도로 어떻게 움직이는지 알 수 있습니다. 보지 않고 단추를 끼우거나 머리를 묶는 것, 혹은 가방 안에서 핸드폰을 손의 느낌으로만 찾아내는 것들은 모두 고유수용성감각을 통해 우리가 우리 몸을 인식하고 있기 때문입니다. 이러한 신체 인식은 걷기, 달리기, 계단 오르내리기와 같은 운동 조절 및 운동 실행 계획에도 영향을 줍니다. 예를 들어 앞에 있는 계단의 높이를 보고 다리의 높이를 조절해서 계단을 오르내릴 수 있게 하고, 줄넘기, 자전거 타기와 같이 동작을 순서화하는 활동에서는 신체를 효율적이고 적절하게 움직이게 합니다. 또한 고유수용성감각은 각성을 조절하는 데 도움이 되는 감각입니다.

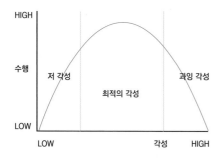

＊각성이란?
잘 때부터 깨어있을 때까지 각종 신경이 활동 중인 상태로 자고 있을 때가 가장 각성이 낮을 때입니다. 최적의 각성 상태일 때 집중력, 감각, 정보처리 능력을 제대로 발휘할 수 있으며 활동의 수행 능력도 올라갑니다.
과잉 각성은 과한 흥분 상태 혹은 과한 긴장 상태이며 저 각성은 멍한 상태가 계속되는 상태로 움직임이 느려지고 처리 속도가 현저히 떨어집니다. 이두 가지 상태 모두 과제나 활동을 수행하는 데 어려움이 있으므로 각성을 조절해 줄 필요가 있습니다. 각성이 높은 아이들은 무겁고 호흡이 긴 짐볼놀이와 같은 고유수용성감각 활동을 통해 진정을 시켜주고, 각성이 낮은 아이들은 점프하기와 같은 호흡이 짧은 활동을 통해 각성을 높일 수 있습니다.

고유수용성감각놀이가 필요한 아이

고유수용성감각 활동은 머리와 팔다리의 움직임, 위치에 관한 감각을 스스로 해석하게 합니다. 아이들은 발달 과정에 여러 가지 동작 및 활동을 시도하면서 자신의 신체 위치와 힘, 그리고 조절 능력을 배웁니다. 자기 몸을 알고 조절하는 과정을 통해 자세 조절 능력이나 착석 자세도 좋아지게 됩니다. 고유수용성감각은 각성과 정서적인 안정감에도 영향을 줍니다. 쉽게 흥분하거나 힘이 없어 보이는 아이는 고유수용성감각 놀이를 통해 각성 조절과 안정감을 느낄 수 있습니다.

❶ 힘이 없어 보이고, 어눌해 보여요 → 24쪽, 28쪽, 30쪽, 32쪽, 36쪽, 46쪽, 48쪽, 54쪽, 62쪽 놀이가 도움이 돼요.

☐ 스스로 옷을 입거나 벗을 때 팔다리를 어떻게 해야 할지 모릅니다.
☐ 자주 턱에 걸려 넘어질 뻔하고 장애물에 부딪힙니다.
☐ 계단 내려오는 것을 어려워합니다.
☐ 의자에 앉을 때 기대거나 구부정하게 앉습니다.
☐ 움직임이 큰 활동을 무서워합니다.
☐ 킥보드나 자전거 타는 것을 어려워합니다.

➔ 활동 전 주변 환경을 인식하게 도와주세요

아이가 움직이면서 주변의 사물까지 인식하기 어려운 경우가 많으므로 움직이기 전, 주변에 어떤 사물이 있는지, 어디에 위치하는지 둘러보게 합니다. 어린 나이의 아이에게는 보호자가 설명해줍니다. 이러한 과정을 통해 장애물의 위치를 파악하고, 사용할 수 있는 힘의 세기와 방향을 예측할 수 있습니다.

❷ 힘 조절이 잘 안 돼요 → 34쪽, 40쪽, 46쪽, 50쪽, 56쪽, 58쪽 놀이가 도움이 돼요.

☐ 연필을 너무 약하게 잡거나 연필 끝이 부러질 정도로 꽉 세게 잡기도 합니다.
☐ 컵에 물을 따를 때 너무 빠르고 세게 따라 물이 모두 쏟아집니다.
☐ 단순한 조작 장난감들을 부러뜨리는 경우가 많습니다.
☐ 친구들을 잡을 때 너무 세게 잡습니다.

❸ 움직임이 너무 많고 쿵쿵 뛰는 것을 좋아해요 → 22쪽, 26쪽, 38쪽, 42쪽, 44쪽, 48쪽, 52쪽, 60쪽, 66쪽, 68쪽 놀이가 도움이 돼요.

☐ 높은 곳에서 뛰어내리기, 제자리에서 점프하기, 넘어지는 것을 좋아합니다.
☐ 걸을 때 발바닥 전체를 쿵쿵거리며 걷습니다.
☐ 일부러 벽이나 난간을 손이나 막대로 치고 싶어 합니다.
☐ 잘 때 무거운 이불을 덮거나 꼭꼭 싸여있는 것을 좋아합니다.
☐ 운동화의 끈, 벨트 등을 꽉 매는 것을 좋아합니다.
☐ 온종일 놀아도 지치지 않는 것처럼 보입니다.
☐ 가방끈, 소매 끝, 긴 줄, 딱딱한 간식 씹는 것을 좋아합니다.

➔ 무거운 가방을 메고 활동하는 것도 좋아요

아무리 많이 움직여도 지치지 않고 더욱 센 강도의 활동을 찾아다닌다면 무거운 가방을 메고 활동하는 것도 좋습니다. 연령에 따라 가방의 무게는 다르나, 만 3세를 기준으로 그림책 5~7권 정도가 적절하며 활동량에 따라 무게를 조절합니다. 어깨와 같은 큰 관절에 고유수용성감각을 주면 더욱 많은 에너지를 소모할 수 있습니다.

① ② ③

매트 미끄럼틀

폴더매트를 소파나 침대에 연결하여 아이가 매트 위를 올라가서
미끄러지거나 매트와 함께 떨어지는 활동을 해봅니다. 매트를 올라가면서
미끄러지거나 떨어지지 않도록 버티는 아이를 응원해주세요.

고유수용성감각 ★★★★★ | 전정감각 ★★★★☆ | 촉각 ★☆☆☆☆ | 시지각 ★★☆☆☆ | 청지각 ★☆☆☆☆

준비물

폴더매트, 소파

사전 준비

폴더매트를 미끄럼틀처럼 소파와 연결하고
주변에 아이가 부딪히거나 다칠 만한 것을
정리합니다.
아이가 미끄러질 때 다치지 않도록
쿠션이나 이불 등 푹신한 것을 깔아두는 게
좋습니다.

+++ 이런 효과를 기대할 수 있어요

이 활동은 폴더매트를 올라가는 것이 목적이 아니라 갑작스러운 외부 자극에 의한 몸의 움직임을 느껴보는 활동입니다.
고정되어 있지 않은 매트에서 올라가거나 미끄러지면서 아이는 갑작스럽게 변하는 감각의 자극을 경험할 수 있습니다.
아이는 매트와 함께 밑으로 떨어지면서 넘어지지 않게 자세를 유지하고 자신을 보호하기 위한 움직임을 시도할 것입니다.
그리고 꼭대기까지 올라가는 행동을 반복적으로 시도하면서 스스로 몸의 힘과 움직임을 조절하게 됩니다.

바닥에서 폴더매트를 기어서 끝까지
올라갑니다.

 보호자가 아이의 발을 잡고 아래로
당겨서 미끄러져 내려오게 합니다.

 매트 위에서 바닥으로 뛰어내립니다.

 매트가 소파에 잘 고정되지 않아도
괜찮습니다. 매트와 함께 바닥에
떨어지거나 매트가 구겨지는
활동에서 고유수용성감각이 강하게
자극됩니다.

 매트를 접어 세워놓고 달려와 부딪치고 매트와 함께 넘어지는 놀이도 해보세요.

고유수용성감각

① ② ③

매트 터널놀이

매트를 접어 생긴 터널을 아이가 기어서 통과하는 활동입니다.
아이는 터널 안을 지나서 자기가 좋아하는 장난감을 가지고 오거나,
그 안에 자기만의 아지트를 만들 수 있습니다.

고유수용성감각 ★★★★★ | 전정감각 ★★★☆☆ | 촉각 ★★☆☆☆ | 시지각 ★★☆☆☆ | 청지각 ★☆☆☆☆

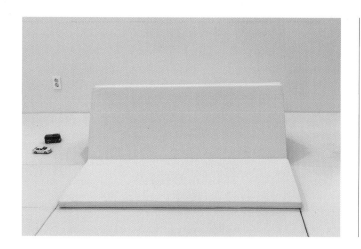

준비물

폴더매트, 가지고 움직일 수 있는 작은 장난감

사전 준비

폴더매트를 세워서 터널을 만들고, 터널 반대쪽에 아이가 좋아하는 장난감을 둡니다.

╋╋╋ 이런 효과를 기대할 수 있어요

좁은 공간에 몸을 맞추고 이동하는 활동은 보이지 않는 신체 부위까지 인식하고 조절해야 하는 활동입니다. 아이는 좁은 공간에서 걸리지 않기 위해 엉덩이를 낮추고 발을 접는 등 다양한 움직임을 시도하며 터널을 통과합니다. 터널 안에서 이리저리 자세를 바꾸는 활동은 고유수용성감각을 더 강하게 자극합니다.

1 매트 터널 안으로 엉금엉금 기어들어가 통과합니다.

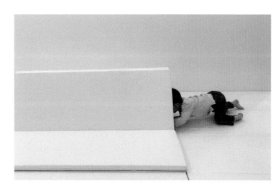

2 반대쪽으로 나와 좋아하는 장난감을 잡습니다.

3 뒤돌아서 다시 기어서 매트 터널을 통과합니다.

➕ 형제자매나 친구와 함께 순서를 지키며 차례로 터널을 통과하거나, 터널 안에 서로에게 쓴 편지나 작은 장난감을 숨겨두고 찾는 활동을 해보세요.

고유수용성감각

① ② ③

짐볼 비행기

짐볼을 사용하는 몸놀이 활동입니다. 아이를 짐볼에 비행기 자세로
엎드리게 한 뒤 몸을 꾹꾹 눌러주고, 아이 스스로 짐볼 위에 엎드려
움직이거나 균형을 잡는 활동을 해봅니다.

고유수용성감각 ★★★★★ | 전정감각 ★★★★☆ | 촉각 ★★★☆☆ | 시지각 ★★☆☆☆ | 청지각 ★☆☆☆☆

준비물

짐볼

사전 준비

짐볼에서 미끄러질 수 있으니 매트 위에서
진행해주세요. 거울을 준비해 거울 앞에서
활동을 하면 아이가 자세를 확인하는 데
도움이 됩니다.

+++ 이런 효과를 기대할 수 있어요

짐볼은 강한 고유수용성감각과 전정감각을 느낄 수 있는 좋은 도구입니다. 말랑하고 탄력 있는 짐볼 위에 엎드린 아이를 꾹꾹
눌러주는 것은 아이가 고유수용성감각을 통해 자신의 몸을 인식하기에 좋습니다. 이때 꼭 안전을 위해 손바닥을 사용하여
눌러주시고 아이의 반응을 살펴주세요. 이 활동은 각성이 높은 아이의 각성 조절에도 좋은 활동입니다. 짐볼 위에서 활동하는
동안 아이가 자세를 유지하려고 애쓰거나 공에서 떨어지지 않으려고 노력하면서 코어 근육이 발달합니다.

배를 밑으로 하고 짐볼 위에 엎드립니다.

 아이 스스로 짐볼에서 이리저리 구르려고 한다면 떨어지지 않도록 발을 살짝 잡아주세요.

보호자는 아이의 날개뼈 부위를 손바닥으로 잡고 이이의 몸을 공 쪽으로 앞·뒤·좌·우로 눌러줍니다.

 아이의 반응을 보고, 강도를 조절하세요.

아이의 다리를 잡고 아이를 앞으로 뒤로 밀고 당겨줍니다.

 바닥에 장난감을 두고 짐볼에 엎드린 채로 잡아서 가까이 있는 바구니에 넣는 놀이를 해보세요.

고유수용성감각

수건 줄다리기

수건이나 긴 천을 이용해서 보호자와 함께 줄다리기를
하는 활동입니다. 친구나 형제자매가 편을 나누어
함께 활동할 수도 있습니다.

고유수용성감각 ★★★★★ | 전정감각 ★★★☆☆ | 촉각 ★★★☆☆ | 시지각 ★★☆☆☆ | 청지각 ★☆☆☆☆

준비물

수건(또는 긴 천이나 스트레칭 밴드),
마스킹테이프

사전 준비

넘어질 수 있으니 푹신한 매트를 깔고 매트
위에 아이와 보호자의 자리를 표시합니다.
주변에 부딪히거나 다칠 만한 것을
정리합니다.

+++ 이런 효과를 기대할 수 있어요

수건에 자신의 몸무게를 실어 보호자의 힘을 반대로 느끼며 끌려가거나 끌려가지 않게 힘을 주면서 다양한 방향에서
고유수용성감각을 느낄 수 있습니다. 또한 두 손으로 수건을 놓치지 않기 위해 꽉 잡아야 하므로 손과 팔의 고유수용성감각을
자극할 수 있습니다.

표시한 자리 위에 보호자와 아이가
수건을 잡고 마주 섭니다.

 손을 다치지 않게 장갑을 끼고
활동하는 것도 좋습니다.

2 아이가 수건을 힘껏 잡아당깁니다.

3 아이의 힘에 맞춰 밀고 당기다 수건
을 끌어당겨 아이를 껴안습니다.

 당기는 힘의 세기를 조절하여
아이의 안전에 주의해주세요.

 서서 하는 것을 어려워한다면 앉아서 놀이를 진행합니다.

형제자매나 친구가 있다면 편을 나누어 함께 놀이할 수 있습니다.

① ② ③

메롱놀이

손을 사용하지 않고 입 주변에 붙인 작은 젤리를 입술과 혀만
움직여 먹는 활동입니다. 놀이를 진행하는 동안 아이의 다양한 표정을
사진으로 찍어서 나중에 함께 보며 이야기를 나눠보세요.

고유수용성감각 ★★★★☆ | 전정감각 ★☆☆☆☆ | 촉각 ★★★★★ | 시지각 ★★☆☆☆ | 청지각 ★☆☆☆☆

준비물
작은 크기의 젤리

사전 준비
젤리를 반으로 자릅니다. 가위로 지르면
단면이 미끄러워 잘 붙지 않을 수 있으니
손으로 잘라주세요.

+++ 이런 효과를 기대할 수 있어요

시각적 정보 없이 얼굴에 느껴지는 고유수용성감각과 촉각 정보만을 사용하는 놀이입니다. 아이는 자신의 의도대로 혀와
입술을 움직이며 고유수용성감각과 촉각을 느낄 수 있습니다.

반으로 자른 젤리를 입술 주변에 붙입니다.

 자른 단면 부분으로 붙여요. 한 번에 여러 개를 붙이면 하나를 먹는 동안 떨어지니 하나씩 붙여주세요.

손을 대지 않고 혀와 입술을 움직여 붙어있는 젤리를 먹습니다.

잘하면 젤리의 크기를 더 잘게 잘라서 다시 해봅니다.

 아이가 입술과 혀로 젤리를 먹는 것을 힘들어하면 거울을 보면서 위치를 확인하며 먹게 해주세요. 그것도 어려워하면 손으로 떼어 먹어도 좋습니다.

뚝딱뚝딱 공구놀이

망치로 두드리고 못이나 나사를 박는 활동은 평소 아이들이
쉽게 경험하지 못하는 활동입니다. 여러 가지 공구 장난감을 사용하여
손으로 잡기, 두드리기 등의 다양한 움직임을 경험할 수 있도록 도와주세요.

고유수용성감각 ★★★★★ | 전정감각 ★☆☆☆☆ | 촉각 ★★★★☆ | 시지각 ★★★☆☆ | 청지각 ★☆☆☆☆

준비물

장난감 공구(망치, 드라이버, 나사, 못),
클레이

사전 준비

공구 사용 방법과 주의 사항에 대해
아이에게 미리 설명해줍니다.

+++ 이런 효과를 기대할 수 있어요

도구를 사용하려면 도구에 힘을 전달해야 하고 그 힘을 조절하여 움직임을 만들어야 합니다. 따라서 공구놀이를 통해 아이는
손의 쥐는 힘과 함께 손목, 팔, 어깨의 움직임을 사용하면서 고유수용성감각을 기를 수 있습니다. 손을 사용하는 동안 자세
유지가 잘되지 않으면 도구에 힘을 전달하기가 어려워 도구를 놓치거나 정확한 위치 지점을 맞추지 못하게 됩니다. 아직
공구를 사용하는 것에 익숙하지 않다면 나사를 반쯤 박아놓고 마무리하는 작업을 반복해 아이가 움직임과 자세 유지에
익숙해지도록 도와주세요.

클레이를 손으로 만져 말랑하게 만든 다음 동그란 모양으로 뭉칩니다.

 클레이 덩어리에 손으로 못이나 나사를 박습니다.

 망치나 드라이버 등의 도구를 사용하여 못이나 나사를 더 깊이 박습니다.

 다양한 강도를 가진 재료로 망치놀이를 해보세요. 두부와 같이 잘 부서지는 재료로 부서지지 않게 망치질을 해서 힘을 조절하는 연습도 좋습니다. 이때 못의 크기가 작을수록 난이도가 높아집니다. 처음부터 어떻게 해야 하는지 알려주기보다는 먼저 아이가 놀이를 탐색해볼 수 있는 시간을 주어 아이가 알아낸 방법으로 시작하게 해주세요.

고유수용성감각

① ② ③

빨래 널기

아이와 함께 여러 가지 종류와 다양한 크기의 옷을 널어보는
활동입니다. 옷의 앞뒤를 구분하고 양말 짝을 맞춰봅니다. 누구 옷을
널고 있는지 아이와 함께 이야기를 나누며 활동해보세요.

고유수용성감각 ★★★★☆ | 전정감각 ★☆☆☆☆ | 촉각 ★★★☆☆ | 시지각 ★★★★★ | 청지각 ★☆☆☆☆

준비물

빨래집게, 빨래 건조대(또는 빨랫줄이나
노끈), 여러 가지 옷과 양말

사전 준비

건조대를 미리 펴 놓고, 널어야 하는 빨래를
준비해주세요.

+++ 이런 효과를 기대할 수 있어요

빨래집게를 여닫는 동작은 손의 고유수용성감각과 함께 손가락의 미세 운동 능력을 향상하는 활동입니다. 또한 빨래집게로
빨래와 건조대를 한 번에 집는 활동은 두 손의 협응력을 키울 수 있습니다.

빨래 건조대에 옷을 널고 빨래집게로
집습니다.

 다시 빨래집게를 빼고 빨래를 걷습
니다.

 걷은 빨래를 갠 후, 누구의 옷인지 말
하며 구별해서 놓습니다.

 다양한 크기의 옷을 널면서 옷의 크기만으로 누구의 것인지에 대해 생각해보는 활동을 하거나
옷의 위아래를 구분하는 활동을 할 수 있습니다.

고유수용성감각

쓱싹쓱싹 청소놀이

아이들은 보호자의 행동을 따라 하는 것을 좋아합니다. 따라서 아이들에게
집안일은 좋은 놀이의 소재가 됩니다. 청소할 때 사용하는 밀대로
바닥에 떨어져있는 여러 가지 물건들을 밀어 움직여보는 청소놀이를 해봅니다.

고유수용성감각 ★★★★★ | 전정감각 ★★☆☆☆ | 촉각 ★★☆☆☆ | 시지각 ★★☆☆☆ | 청지각 ★☆☆☆☆

준비물
밀대, 여러 가지 모양과 크기의 작은
장난감, 바구니

사전 준비
밀대를 아이가 사용하기 편한 길이로
조절합니다. 바닥에 작은 장난감들을
여기저기 떨어뜨려 놓습니다.

+++ 이런 효과를 기대할 수 있어요

집안일을 따라 하는 활동은 아이가 다른 사람의 행동을 관찰하고 모방하는 경험을 할 수 있는 좋은 활동입니다. 또한 아이는
애착 대상인 부모의 행동을 모방하는 놀이를 즐거워합니다. 밀대로 무거운 물체를 미는 활동은 몸 전체로 고유수용성감각을
느끼게 하고 각성이 높은 아이에게는 진정 효과를 줍니다. 또한 두 손으로 밀대를 잡는 것은 아이가 손바닥을 사용하여
도구를 잡는 활동이므로 아이의 쥐기 능력 향상에 도움을 줍니다.

두 손으로 밀대를 잡습니다.

 밀대를 자꾸 놓치면 편하게 잡을
수 있도록 밀대에 테이프나 종이를
감아 두껍게 해줍니다.

2 밀대로 바닥에 있는 작은 장난감이나
물건들을 밀어서 한 곳에 모읍니다.

 장난감 대신 신문지를 여러 가지
크기로 뭉쳐서 사용해도 좋습니다.

3 모은 물건들을 바구니에 담아 정리
합니다.

 아이가 물건을 쉽게 모으면 볼풀공처럼 굴러가는 물건을 밀어서 정해진 장소에 모아보게 합니다.

① ② ③

고유수용성감각

손바닥 걷기

아이가 엎드린 상태로 손바닥으로만 걸어 바닥에 있는
물건을 잡는 놀이입니다. 보호자는 아이의 발목이나 허벅지를 잡아주어
아이가 손바닥으로만 이동할 수 있게 도와줍니다.

고유수용성감각 ★★★★★ | 전정감각 ★★★★☆ | 촉각 ★★★☆☆ | 시지각 ★★☆☆☆ | 청지각 ★☆☆☆☆

준비물

작은 장난감(또는 젤리나 사탕같이 작은
간식), 바구니(작은 그릇)

사전 준비

시작점에 바구니를 놓고, 반대쪽에는
장난감(또는 간식)을 늘어놓습니다.

+++ 이런 효과를 기대할 수 있어요

엎드린 자세에서 자신의 무게를 팔의 힘만으로 지지함으로써 손목과 팔꿈치, 어깨 관절의 고유수용성감각을 강하게
자극합니다. 또한 머리 드는 자세를 오래 유지해야 하므로 목 근육에 고유수용성감각이 자극되어 자세 조절을 하는 데도
도움이 됩니다.

아이를 엎드리게 한 후 발목을 잡아서 올려주세요.

 발목만 잡아줄 때 너무 힘들어한다면, 허벅지나 허리 쪽을 잡아주세요. 몸통에 가깝게 잡아줄수록 더 쉽게 움직일 수 있습니다.

아이가 팔꿈치를 펴고 손바닥으로 바닥을 짚으며 앞으로 나아가 장난감을 잡습니다.

장난감을 잡고 다시 돌아와 바구니에 장난감을 넣습니다.

 아이가 쉽게 몸을 움직인다면 가구 아래 등 조금 더 잡기 어려운 곳에 장난감을 놓고 활동하는 것도 좋습니다.

고유수용성감각

뽀글뽀글 세차놀이

비눗방울을 산처럼 높게 쌓아 만들고 그 안에 장난감
자동차를 숨긴 다음, 그 비눗방울을 불어 날려서 숨어있는
자동차를 찾아내는 놀이입니다.

고유수용성감각 ★★★★★ | 전정감각 ★★☆☆☆ | 촉각 ★★★☆☆ | 시지각 ★★★☆☆ | 청지각 ★☆☆☆☆

준비물

빨대, 비눗방울 액(또는 세제와 물), 넓은
그릇, 자동차 장난감

사전 준비

넓은 그릇에 비눗방울 액을 부어주세요.
비눗방울 액이 없으면 세제에 물을 섞어
준비해주세요.
놀이매트에서 활동하는 것이 좋습니다.

+++ 이런 효과를 기대할 수 있어요

입을 오므리고 빨대를 부는 동작은 입 주변 근육에 힘을 주고 빼는 고유수용성감각 활동입니다. 이런 불기 동작은 구강
운동에 대한 인식을 키우고 볼과 입술 근육을 운동시킵니다. 불고 빨아들이는 활동은 호흡기계와 조음기관을 강화해 말하기
능력을 키우는 데도 도움이 됩니다. 또한, 자동차가 있는 지점에 빨대 끝의 위치를 맞추는 활동을 통해 미세한 움직임을
조절할 수 있습니다.

빨대를 그릇에 담긴 비눗방울 액에 넣고 세게 불어 뽀글뽀글 거품이 올라오게 합니다.

 비눗방울 액이나 세제 물을 들이마시지 않도록 주의해주세요.

장난감 자동차를 거품 속에 넣어 숨깁니다.

숨겨진 자동차가 나올 때까지 빨대로 거품을 세게 불어 날립니다.

 불기 활동 중에 과호흡 증상 또는 어지럼증이 나타날 수 있으므로 아이의 표정과 반응을 살펴주세요.

 작은 빨대일수록 더 불기 힘드니 아이의 연령에 따라 구멍 크기가 다른 빨대를 사용해주세요.

고유수용성감각

비눗방울 기차

페트병으로 한 번에 비눗방울을 많이 만들 수 있는 도구를 만들어서,
비눗방울 뭉치를 크게 만들어봅니다. 비눗방울 뭉치를 높게 또는
길게 만들어 기차나 빌딩 등 여러 가지 사물을 만들 수 있습니다.

고유수용성감각 ★★★★☆ | 전정감각 ★☆☆☆☆ | 촉각 ★★★☆☆ | 시지각 ★★★☆☆ | 청지각 ★☆☆☆☆

준비물

작은 페트병, 가제 손수건(거즈), 고무줄,
비눗방울 액, 넓은 그릇, 가위

사전 준비

페트병의 앞부분을 잘라낸 후, 자른 단면에
가제 손수건을 편평하게 대고 고무줄로
고정합니다.
놀이매트나 욕조에서 활동하면 좋습니다.

╋╋╋ 이런 효과를 기대할 수 있어요

입을 오므리고 부는 활동은 입 주변 근육에 힘을 주고 빼는 고유수용성감각 활동입니다. 아이가 부는 힘을 조절해서 다양한
크기와 양의 비눗방울 뭉치를 만들 수 있도록 합니다. 또한 페트병 구멍을 입에 대고 손으로 잡는 과정은 눈과 손의 협응력을
키울 수 있습니다. 부는 힘을 조절해서 다양한 크기와 양의 비눗방울 뭉치를 만들 수 있도록 합니다.

가제 손수건 부분에 비눗방울 액을
묻힙니다.

 비눗방울 액을 충분히 묻혀야
비눗방울이 잘 생겨요.

 가제 손수건 부분을 아래로 하고 페
트병 입구 부분을 세게 불어서 비눗
방울 뭉치를 만듭니다.

불기 활동 중에 과호흡 증상 또는
어지럼증이 나타날 수 있으므로
아이의 표정과 반응을 살펴주세요.

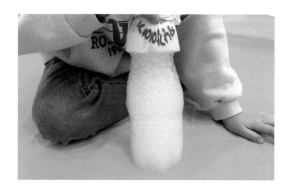

비눗방울 뭉치를 여러 개 연결하면 비
눗방울 기차가 됩니다.

 비눗방울 뭉치를 높게 쌓으면 빌딩을
만들 수 있습니다.

 페트병 입구가 넓은 병보다 좁은 병이 비눗방울 뭉치를 만들기 더 쉽습니다.
만 3세 이상의 아이라면 '뽀글뽀글 세차놀이'와 같은 다른 놀이로 확장해 보세요. 누가 거품을
더 길게 부는지로 서로 경쟁할 수도 있습니다.

고유수용성감각

로켓 발사

아이를 짐볼에 앉힌 후 뒤에서 앞으로 밀어 로켓처럼 앞으로
날아가게 하는 놀이입니다. 이불과 함께 구르고 이불속에서 배밀이로
빠져나오는 등 온몸을 활발하게 움직이는 활동으로 연결할 수 있습니다.

고유수용성감각 ★★★★★ | 전정감각 ★★★★☆ | 촉각 ★☆☆☆☆ | 시지각 ★★☆☆☆ | 청지각 ★☆☆☆☆

준비물

짐볼, 두꺼운 이불(또는 푹신한 베개나
대형 쿠션)

사전 준비

짐볼 앞에 두꺼운 이불을 놓고 장애물에
부딪치지 않도록 주변을 정리합니다.
짐볼 위에 아이를 나비다리(양반다리)
자세로 앉힙니다.

✚✚✚ 이런 효과를 기대할 수 있어요

고유수용성감각을 강하게 자극할 수 있는 놀이입니다. 짐볼에서 앉은 자세를 유지하기 위해 스스로 자세를 조절하고,
구령에 맞추어 몸을 앞으로 숙이며 준비하는 과정을 통해 계획된 움직임을 경험할 수 있습니다. 쿵 하고 엉덩이로 세게
떨어지고 이불 아래에서 배밀이로 나오는 활동 역시 고유수용성감각을 강하게 자극하는 활동입니다. 움직이기를 좋아하는
아이들은 반복해서 활동하고 싶어할 것이며, 반대로 예민한 아이라면 힘들어할 수 있으니, 아이의 상태를 관찰하며 놀이를
진행해주세요.

보호자가 아이의 골반을 잡은 후 뒤로 살짝 당겼다가 "로켓 발사! 하나, 둘, 셋!" 하는 구령에 맞추어 앞으로 세게 밀어주세요.

 골반을 잡고 가속도가 붙을 정도로 세게 밀어야 아이를 날려 보낼 수 있습니다.

 깔아놓은 이불 위에 엉덩이로 떨어집니다.

날아갈 때 아이가 심하게 움직여 이불 밖으로 떨어지지 않도록 주의합니다.

아이를 이불과 함께 굴려 이불 아래에 들어가게 한 다음 배밀이로 빠져나오게 합니다.

 짐볼 위에서 엎드린 자세를 유지하게 한 후 보호자가 발목을 잡고 밀어주어 앞구르기를 하며 이불 위로 떨어지는 활동도 해보세요.

고유수용성감각

① ❷ ③

집게놀이

신문지 안에 간식이나 장난감을 넣어서 뭉친 신문지 공을
집게로 잡아서 모으는 활동입니다. 공을 모두 모은 다음, 보물찾기 하듯
신문지 공을 펼쳐서 어떤 장난감을 찾았는지 확인합니다.

고유수용성감각 ★★★★★ | 전정감각 ★☆☆☆☆ | 촉각 ★★★★☆ | 시지각 ★★★☆☆ | 청지각 ★☆☆☆☆

준비물

로봇 팔 집게(또는 고기 집게), 신문지,
낱개 포장된 간식(또는 작은 장난감),
셀로판테이프, 바구니

사전 준비

신문지 가운데에 간식이나 장난감을 넣고
구겨서 공 모양으로 만들고 테이프로
고정합니다.
신문지 공을 바닥에 흩어놓습니다.

+++ 이런 효과를 기대할 수 있어요

집게로 물건을 집는 것은 다양한 경험을 할 수 있는 활동입니다. 집게를 쥐는 동작을 통해 손바닥에 강한 고유수용성감각
자극을 줄 수 있습니다. 아이는 물건을 집고 놓기 위해 더 세게 혹은 약하게 쥐면서 힘 조절을 하고, 잡은 물건을 놓치지 않기
위해 쥐는 힘을 유지해야 합니다. 또한 집게로 물건을 잡기 위해서 눈과 팔로 집게와 물건의 거리를 측정하는 경험을 할 수
있습니다.

46

집게로 바닥에 떨어진 신문지 공을
잡습니다.

 잡은 신문지 공을 바구니 안에 넣습
니다.

 신문지 공을 모두 주워 바구니에 모
은 다음 신문지 공을 펼쳐 안에 무엇
이 들어있는지 확인합니다.

 집게로 집 안의 여러 가지 물건이나 장난감을 잡는 활동을 해봅니다. 집게를 사용해서 크기나
용도, 모양 등 여러 가지 기준에 따라 물건을 분류하는 놀이를 할 수도 있습니다.

고유수용성감각

얼음 속 장난감 구출

아이와 함께 얼음 틀에 장난감을 넣어서 얼린 다음,
망치로 깨서 장난감을 구합니다. 다양한 색깔의 음료수를
사용해 얼음을 얼리는 것도 좋습니다.

고유수용성감각 ★★★★★ | 전정감각 ☆☆☆☆☆ | 촉각 ★★★★☆ | 시지각 ★★★☆☆ | 청지각 ☆☆☆☆☆

준비물

얼음 틀, 얼음 틀에 들어갈 만큼 작은
장난감, 물(또는 음료수), 장난감 망치,
큰 쟁반

사전 준비

아이가 얼음을 꺼내기 쉽도록 말랑말랑한
실리콘 얼음 틀이 좋습니다.
얼음 어는 것을 기다리기 힘들어하는
아이의 경우 보호자가 미리 장난감 얼음을
얼려둡니다.

+++ 이런 효과를 기대할 수 있어요

도구를 쥐고 두드리는 활동은 손바닥의 잡기와 세기를 조절하는 활동입니다. 아이는 손에 들어오는 고유수용성감각 정보를
통해 힘을 조절하여 망치를 사용합니다. 망치를 두드릴 때 손목을 위아래로 흔들며 손목의 방향과 힘에 대해서도 알 수
있습니다.

얼음 틀에 작은 장난감을 넣고 물을
부어 얼립니다.

 얼음 틀에서 장난감이 들어있는 얼음
을 꺼냅니다.

★ 손이 시리면 장갑을 끼고 하게
합니다.

 얼음을 망치로 두드려 깨서 장난감을
꺼냅니다.

❗ 망치로 두드릴 때 깨진 얼음 조각이
얼굴에 튀지 않도록 주의해주세요

 우유나 주스 등 색이 있는 음료수로 얼음을 얼리면 장난감이 잘 보이지 않으니 그 안의
장난감을 맞추는 놀이를 할 수 있습니다. 다양한 모양과 크기의 얼음 틀을 준비해 여러 가지
모양의 얼음을 얼려도 재미있습니다.

① ② ③

손·발바닥 씨름

두 사람이 마주 보고 서서 손바닥으로 밀어내거나
발바닥을 맞대고 앉아 밀어내는 놀이입니다.
형제자매나 친구들과도 쉽게 함께할 수 있습니다.

고유수용성감각 ★★★★★ | 전정감각 ★★★☆☆ | 촉각 ★★★★☆ | 시지각 ★★★☆☆ | 청지각 ★☆☆☆☆

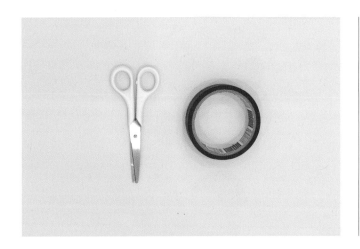

준비물

마스킹테이프, 가위

사전 준비

장애물이 없는 넓은 공간에서 활동합니다.
다치지 않도록 미리 주변을 정리하고
푹신한 매트를 깔아주세요.
중간 지점에 마스킹테이프로 기준선을
표시합니다.

+++ 이런 효과를 기대할 수 있어요

서로 밀며 버티는 활동을 통해 아이는 손바닥, 발바닥과 같은 좁은 신체 부위에 고유수용성감각 자극을 강하게 느낄 수 있습니다. 또한 넘어지지 않기 위해 몸통에 힘을 주고, 자세를 유지하려고 애쓰면서 자세 조절을 위한 근육의 힘을 키울 수 있습니다. 손과 발의 위치를 바꿔가며 신체 각 부분의 협응력을 향상하는 것이 좋습니다.

1 아이와 보호자가 마주 보고 선 상태에서 손바닥을 맞대고 힘껏 밉니다.

2 아이가 손바닥에 힘을 주면 보호자는 적절하게 힘을 주었다가 빼며 밀고 당기기를 해줍니다.

 보호자가 뒤로 힘껏 넘어지며 크게 반응해주면 더 신나게 놀 수 있어요.

3 같은 방법으로 앉아서 발바닥을 맞대고 서로 힘껏 밀면서 발바닥 씨름도 해봅니다.

 아이가 손바닥을 미는 활동을 잘한다면 손바닥을 살짝 떼었다가 미는 등 공격하거나 혹은 피하면서 균형을 잃도록 난도를 높여봅니다.
아이가 뒤로 갑자기 넘어가지 않도록 보호자는 힘 조절을 적절히 해주세요.

칙칙폭폭 상자 기차

집에 있는 큰 종이 상자를 이용해서 탈것을 만들어 이동하는
놀이입니다. 종이 상자를 스티커나 펜 등으로 꾸며서 기차를 만들고,
집 안 곳곳에 도착역을 정한 다음 상자 기차를 타고 기차 여행을 해봅니다.

고유수용성감각 ★★★★★ | 전정감각 ★★★☆☆ | 촉각 ★☆☆☆☆ | 시지각 ★★★☆☆ | 청지각 ★☆☆☆☆

준비물

큰 종이 상자, 스티커, 그림 도구(사인펜,
크레파스 등), 이불, 박스테이프

사전 준비

종이 상자가 찢어지지 않게 박스테이프로
튼튼하게 붙이고, 스티커나 그림 도구로
꾸밉니다.
집 안 곳곳에 도착할 역을 표시합니다.

+++ 이런 효과를 기대할 수 있어요

상자 안에서 쪼그리고 앉아 몸을 말고 있는 자세는 온몸의 관절에 고유수용성감각이 강하게 느껴지는 자세입니다. 그리고
상자에 몸을 맞춰 넣으면서 아이는 자기 몸의 크기를 인식하고, 상자에 더 잘 들어가기 위해 몸 각 부위의 위치를 달리
하면서 자신의 신체를 사용하는 방법을 배웁니다.

바닥에 이불을 깔고 그 위에 종이 상자를 놓은 다음, 상자에 몸을 구부려 들어가 앉습니다.

이번 정거장은 거실역입니다.

 보호지는 상지 기차기 놓인 이불을 끌면서 집 안의 역을 돌아다닙니다.

⭐ 아이와 함께 도착역의 이름을 미리 정하고, 기차가 가는 순서를 정해놓아도 좋습니다.

역할을 바꾸어 아이가 직접 상자 기차를 끌어 목적지로 갑니다.

 형제자매가 있는 집이라면 서로 번갈아 끌며 활동할 수 있습니다. 이 과정에서 아이는 순서 지키기와 같은 간단한 규칙과 최단 거리를 파악하는 등의 공간 감각도 익힐 수 있습니다. 아이가 길 찾는 것을 어려워하면 바닥에 마스킹테이프를 붙여서 기찻길을 표시해줍니다.

고유수용성감각

① ② ③

딩동, 택배 왔어요

종이 상자에 물건을 넣고 상자를 들거나 끌어서 배달하는 놀이입니다.
크기가 다른 여러 상자에 크기와 무게가 다른 다양한 물건을 넣고,
배달할 곳이나 배달할 사람을 정하여 택배 포장도 해봅니다.

고유수용성감각 ★★★★★ | 전정감각 ★★☆☆☆ | 촉각 ★★★☆☆ | 시지각 ★★★☆☆ | 청지각 ★★☆☆☆

준비물

여러 가지 크기의 종이 상자, 박스테이프,
다양한 장난감과 물건

사전 준비

다양한 크기의 종이 상자를 준비합니다.
스티커 또는 그림 도구로 종이 상자를 꾸밀
수도 있습니다.

+++ 이런 효과를 기대할 수 있어요

상자에 테이프를 붙이고, 택배를 들고 배달하는 과정에서 고유수용성감각을 느낄 수 있습니다. 아이는 상자를 들거나 끌면서
사물의 무게를 느낄 수 있으며, 상자 속 물건을 맞히는 과정에서 시각을 제외한 감각을 통해 물체의 정보를 파악하고 예측할
수 있습니다. 또한, 테이프를 뜯는 동작에서도 고유수용성감각을 자극할 수 있습니다.

각 종이 상자 안에 여러 가지 물건을 넣고 박스테이프로 붙여서 택배 포장을 합니다.

택배 상자를 들거나 끌고 가서 정해신 사람 또는 장소에 배달합니다.

받은 사람은 택배를 흔들어 무엇이 들었는지 알아맞혀보고 상자를 열어 확인합니다.

 흔들어서 무엇인지 알기 어려우면 상자를 살짝 열고 만져서 내용물을 맞춰봅니다.

 택배 상자에 받는 사람의 이름을 써서 쓰기 연습을 할 수도 있고, 상자의 크기를 비교하면서 크기의 개념도 익힐 수 있습니다.

고유수용성감각

주스 마실 사람

여러 개의 컵에 미리 스티커로 높이를 다르게 표시하고
표시 지점까지 물을 붓습니다. 그리고 음식점에서 서빙하듯
그 컵을 옮겨보는 놀이입니다. 다양한 크기의 컵으로 놀이해보세요.

고유수용성감각 ★★★★☆ | 전정감각 ★★☆☆☆ | 촉각 ★★★★☆ | 시지각 ★★★☆☆ | 청지각 ☆☆☆☆☆

준비물

입구가 좁은 물병, 물(또는 음료수), 입구가
넓은 컵 여러 개, 스티커

사전 준비

여러 개의 컵을 테이블 위에 올려놓습니다.
물이 넘치거나 쏟아질 수도 있으니 아이의
옷이 젖을 경우를 대비해 여벌 옷을
준비하거나 앞치마를 착용합니다.

+++ 이런 효과를 기대할 수 있어요

물병을 잡고 기울이면서 물을 따르는 활동을 통해 손바닥의 고유수용성감각을 자극하고 힘 조절과 팔의 움직임 조절을
해봅니다. 컵에 물을 흘리지 않게 따르는 것은 생각보다 어려운 활동입니다. 아이가 컵과 병의 입구를 맞추기 위해 두
손과 눈을 사용해야 하며, 물을 따르는 양과 속도를 조절하기 위해 손의 힘과 속도를 조절할 수 있어야 하므로 여러 번의
시행착오와 연습이 필요할 수 있습니다.

1 아이와 함께 컵에 스티커를 붙여 물을 따를 높이를 정합니다.

 여러 개의 컵에 각각 다른 높이를 표시합니다. 컵 입구의 크기로 난이도를 조절할 수도 있습니다.

2 컵마다 스티커 높이까지 물을 따릅니다.

3 컵을 들고, 다른 식탁까지 물을 흘리지 않고 가져다 놓습니다.

 옮기는 것을 어려워하면 컵에 뚜껑을 덮어줍니다.

 컵에 물을 붓는 것을 어려워하면 병의 입구와 컵 모서리에 스티커나 펜으로 표시를 해 양쪽을 맞대어 부어봅니다. 쉽게 컵을 옮긴다면 바닥에 마스킹테이프로 길을 만들거나 장애물 표시를 해서 서빙하는 길을 어렵게 할 수도 있습니다.

① ② ③

빨대 축구

빨대를 불어 물건을 움직이는 놀이입니다. 여러 가지 가벼운
물체(탁구공, 페트병 뚜껑, 휴지 뭉치, 알루미늄 포일 뭉치 등)를
빨대로 불어서 원하는 곳까지 보내게 합니다.

고유수용성감각 ★★★★☆ | 전정감각 ★★☆☆☆ | 촉각 ★★☆☆☆ | 시지각 ★★★★☆ | 청지각 ★☆☆☆☆

준비물

빨대, 작고 가벼운 물건(탁구공, 페트병,
작은 장난감), 솜(또는 휴지), 알루미늄 포일

사전 준비

알루미늄 포일은 뭉쳐서 동그랗게 공처럼
만들고, 미리 활동 공간을 정리합니다.

+++ 이런 효과를 기대할 수 있어요

입을 오므리고 빨대를 불면서 입 주변 근육에 힘을 주고 빼는 고유수용성감각 활동입니다. 물건을 다양한 각도로 보내기
위해 들숨과 날숨을 반복함으로써 숨을 쉬기 위한 몸속의 내부근육에 고유수용성감각 자극을 줄 수 있습니다. 또한 몸의
위치를 변경하기 위해 활동에 맞는 움직임을 조절하는 경험을 할 수 있습니다.

빨대를 불어 움직이게 할 물건을 고릅니다.

알루미늄 포일 공, 장난감 등 무게가 다른 다양한 물건에 빨대로 바람을 불어 움직이게 합니다.

 불기 활동 중에 과호흡 증상 또는 어지럼증이 나타날 수 있으므로 아이의 표정과 반응을 살펴주세요.

보호자와 함께 포일 공을 세게 불어 책상 밑으로 떨어트립니다.

 무게가 서로 다른 물건을 불어보고, 어떻게 해야 무거운 물건이 잘 움직이는지, 혹은 가벼운 물건이 책상 밖으로 떨어지지 않도록 할 수 있는지 이야기를 나눠봅니다. 빨대를 사용하지 않고 입김으로 불어서 날리는 활동도 해봅니다.

고유수용성감각

① ② ❸

줄을 피해라

부모님과 함께하는 줄놀이입니다. 엄마와 아빠가 줄의 양쪽 끝을 잡고
낮은 높이로 이동하면, 아이는 그 줄에 걸리지 않게 뛰어넘거나
기어서 피합니다. 아이의 나이에 맞게 높낮이를 조절하며 활동합니다.

고유수용성감각 ★★★★★ | 전정감각 ★★★☆☆ | 촉각 ★☆☆☆☆ | 시지각 ★★★☆☆ | 청지각 ★☆☆☆☆

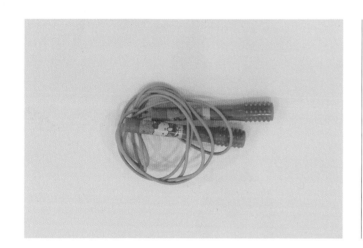

준비물

줄넘기(또는 긴 고무줄)

사전 준비

엄마 아빠가 각각 긴 줄의 끝을 잡고
당깁니다.

+++ 이런 효과를 기대할 수 있어요

아이는 두발뛰기 활동을 통해 온몸에 고유수용성감각을 느낍니다. 다가오는 줄을 보고 자신의 몸과 비교하여 높이를
가늠해보고 동작을 선택해야 하며 몸과 줄과의 거리를 측정하고 뛰어야 하는 순간을 포착하여 몸을 움직여야 하므로
운동계획성이 발달합니다.

엄마 아빠가 낮은 높이로 줄을 잡고 아이를 향해 이동합니다.

 처음에는 낮은 높이부터 시작하여 높낮이를 조절합니다.

아이는 다가오는 줄을 보다가 두발뛰기로 줄을 넘습니다.

어른 무릎 정도 높이로 줄을 잡고 있으면 줄 아래로 엉금엉금 기어 지나 갑니다.

 보호자가 긴 막대를 들고 왔다 갔다 천천히 움직이면 아이가 막대 위를 뛰어넘거나 아래로 엉금엉금 기어가는 활동도 할 수 있습니다.

고유수용성감각

① ② ❸

신문지 격파

신문지를 넓게 벌려 잡으면 달려와서 신문지를 격파하는
활동입니다. 손, 발, 머리, 몸까지 다양한 부분을 사용하여
신문지를 신나게 격파해봅니다.

고유수용성감각 ★★★★★ | 전정감각 ★★★☆☆ | 촉각 ★★★☆☆ | 시지각 ★★★☆☆ | 청지각 ★☆☆☆☆

준비물

신문지

사전 준비

보호자가 신문지를 펼친 후 양쪽 끝을
평평하게 잡아주세요.

+++ 이런 효과를 기대할 수 있어요

아이는 신문지를 찢는 과정에서 고유수용성감각이 자극될 뿐만 아니라 눈과 손의 협응력을 사용하게 되며, 몸을 움직이는
힘의 세기를 조절해보는 경험을 합니다. 손뿐만 아니라 머리나 발 등 다양한 신체를 사용해 신문지를 찢기 위해 자신의 몸을
어떤 방향으로 어떻게 움직여야 할지 계획하는 경험을 할 수 있습니다.

보호자가 신문지 양쪽 끝을 잡은 후,
아이와 2m 정도 거리에서 마주 보고
섭니다.

아이가 뛰어오며 주먹으로 신문지를
때려 격파합니다.

손과 발, 머리 등 다양한 신체 부위를
활용하여 신문지를 격파합니다.

 아이와 보호자가 심하게 충돌하지
않도록 주의합니다.

 힘이 약한 아이라면 미리 신문지에 구멍을 내어 첫 시도가 성공할 수 있도록 도와줍니다.
아이가 잘한다면 신문지에 격파하고 싶은 대상(무서워하는 대상, 도깨비나 귀신 등)을
그리거나 써서 더욱 힘차게 찢을 수 있도록 해주세요.

고유수용성감각

① ② ③

손전등 보물찾기

캄캄한 동굴 속을 탐험하면서 숨겨진 보물을 찾는 놀이입니다.
의자와 식탁 위에 이불을 덮어 동굴을 만들고 그 안에 스티커나
작은 간식을 숨겨놓습니다. '악어떼' 노래를 부르며 손전등을
비추며 기어 들어가 숨겨진 보물을 찾아봅니다.

고유수용성감각 ★★★★★ | 전정감각 ★★★☆☆ | 촉각 ★☆☆☆☆ | 시지각 ★★★★☆ | 청지각 ★☆☆☆☆

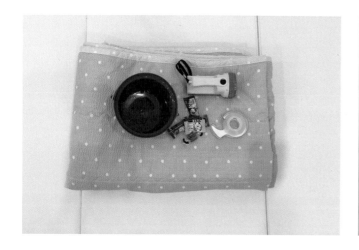

준비물

손전등, 이불, 스티커 또는 간식,
작은 바구니, 셀로판테이프

사전 준비

의자, 책상, 식탁 등을 붙이거나 띄엄띄엄
세워두고 보물(스티커나 간식)을 숨긴 후
이불로 덮어 동굴을 만듭니다. 불을 꺼서
어둡게만 해도 좋아요.

+++ 이런 효과를 기대할 수 있어요

몸을 웅크리고 손과 무릎으로 바닥을 누르는 네발기기 자세는 고유수용성감각을 느끼기 좋은 자세입니다. 이 자세를 통해
아이는 자신의 신체에 대한 인식을 높이게 됩니다. 또한 손전등을 사용하여 공간을 탐색하면서 시지각 활동을 할 수 있으며
활동을 반복하면서 움직임을 계획하는 능력을 높입니다.

"동굴에 숨겨진 보물을 찾으러 출발해 볼까?"라고 말하며, 손전등을 들고 동굴 속으로 출발합니다.

 '악어떼' 노래를 부르면 탐험 분위기를 낼 수 있어요.

손전등을 들고 네발기기로 다니며 동굴 속에 숨겨놓은 보물을 찾습니다.

 아이가 어두운 곳을 무서워한다면 이불을 덮지 않고 해본 후, 익숙해지면 이불을 덮고 놀이해주세요.

숨겨놓은 보물을 모두 찾으면 밖으로 나옵니다.

 네발기기를 잘하면 배밀이, 등밀이 등 다양한 자세로 기어 다녀봅니다.

① ② ③

징검다리 건너기

다양한 크기의 책으로 징검다리를 만들어 건너보고,
징검다리에서 떨어지지 않고 반대편에 있는 장난감을
도착점까지 무사히 가져오는 놀이입니다.

고유수용성감각 ★★★★★ | 전정감각 ★★★☆☆ | 촉각 ★★☆☆☆ | 시지각 ★★★☆☆ | 청지각 ★☆☆☆☆

준비물

다양한 크기와 두께의 책(두 발을 모아서
설 수 있는 크기 이상), 장난감(손으로 들고
올 수 있는 작은 장난감)

사전 준비

매트 위에 일자로 간격을 다르게 해서 책을
놓아두고 도착점에 장난감을 놓습니다. 책
아래에 양면테이프를 붙이면 미끄러지는
것을 방지할 수 있습니다.

+++ 이런 효과를 기대할 수 있어요

징검다리를 건너는 움직임을 통해 고유수용성감각을 느끼며, 다리를 사용하여 거리를 측정해볼 수 있는 놀이입니다. 거리에
따라 자신의 다리를 길게 또는 짧게 뻗는 과정을 통해 몸을 사용해 사물과의 거리감을 익히는 경험을 할 수 있습니다. 또한
다양한 움직임(걷기, 다리찢기, 두발뛰기 등)을 활용하여 징검다리를 건너게 해도 좋습니다.

1 책만 밟고 걸어서 징검다리를 건너갔
다 옵니다.

 처음에는 책 사이의 간격을 같게
하고 익숙해지면 간격을 불규칙하게
놓아 난도를 조절합니다.

2 한발뛰기 또는 두발뛰기로 책 징검다
리를 건넙니다.

3 징검다리 끝에 있는 장난감을 갖고
돌아옵니다.

 살금살금 건너기, 또는 빨리 건너기 등 여러 방법으로 건너며 움직임을 조절하는 활동을 할 수
있습니다. 주변에 물고기 장난감을 떨어뜨려 놓고 집게나 낚싯대로 징검다리 위에서 떨어지지
않고 물고기를 잡는 활동을 할 수도 있습니다.

① ② ③

거미줄 탈출

가구에 줄을 연결해서 높낮이가 다른 다양한 줄을 만들고,
영화의 한 장면처럼 아이가 줄에 걸리지 않고 통과해서 좋아하는 장난감을
구출해오는 놀이입니다. 여럿이 함께 놀기에도 좋은 활동입니다.

고유수용성감각 ★★★★★ | 전정감각 ★★★★☆ | 촉각 ★★☆☆☆ | 시지각 ★★★☆☆ | 청지각 ★☆☆☆☆

준비물

다리가 있는 가구(식탁, 의자 등),
마스킹테이프(또는 털실이나 굵은 줄),
아이가 좋아하는 장난감

사전 준비

방 양쪽으로 가구를 늘어놓고 줄이나
테이프로 연결합니다. 여러 방향과 높이로
줄을 연결해 방 전체에 여러 개의 줄이
교차하도록 해주세요. 출발 지점 반대편에
아이가 좋아하는 장난감을 놓습니다.

+++ 이런 효과를 기대할 수 있어요

아이는 몸의 자세를 바꾸면서 고유수용성감각을 느낄 수 있습니다. 또한 서로 높이가 다른 줄을 통과하기 위해 몸을 어느
정도 낮추고 높일 것인지 판단하며 공간지각 및 깊이지각이 발달합니다. 자신의 몸을 구부리고 뻗는 동작을 통해 신체
인식을 향상할 수 있는 활동이므로 율동을 잘 따라 하지 못하거나 몸놀림이 더딘 아이에게 효과적인 놀이입니다.

아이에게 구출해야 할 인형(장난감)의 위치를 확인하게 합니다.

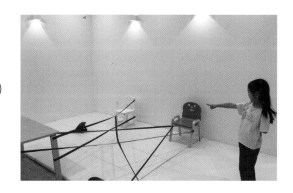

 인형을 향해 줄 아래로 기어서 통과합니다.

 무사히 장난감을 구출하면, 돌아올 때는 최대한 줄이 몸에 닿지 않도록 천천히 걸어서 돌아옵니다.

 돌아올 때는 아이가 줄을 넘어올 수 있도록 합니다.

 중간중간 여러 개의 보물(장난감)을 놓으면 끝까지 가기 힘들어하는 아이에게 동기부여가 됩니다. 잘하는 아이는 시간제한(30초 안에 구출하기 등)을 두거나 친구들과 번갈아 활동하면 더 흥미롭게 놀이할 수 있습니다.

전정감각이란?

전정감각은 귓속에 있는 전정기관과 세반고리관을 통해 느껴지는 감각으로 움직임, 중력, 균형과 연관 있는 감각입니다. 아이는 태어나서 걸을 때까지 12~15개월 정도가 걸립니다. 바닥에 누워 있다가 몸을 뒤집고, 머리를 가누고, 앉고 기고 두 발로 서는 과정은 중력에 대항하는 움직임이라고 할 수 있습니다. 이때 균형을 잡고 안정감 있게 움직이며 행동할 수 있게 해주는 감각을 '전정감각'이라고 하며, 아이는 전정감각을 통해 자신의 움직임을 인식할 수 있게 됩니다.

◉ 전정감각의 기능

전정감각은 우리 몸에서 나침반과 속도계의 역할을 합니다. 전정감각을 통해 스스로 움직이고 있는지 멈추고 있는지, 또 얼마나 빨리 어느 방향으로 가고 있는지를 알 수 있습니다. 이 감각은 아주 원초적인 감각으로 전정감각을 잘 구별하거나 처리하지 못하면 위험을 잘 감지하지 못하고 불안감을 느끼게 됩니다. 넘어지려고 할 때 기우는 것을 감지하고 땅을 짚거나 반대 방향으로 몸을 움직여 몸을 보호하는 것도 전정감각 덕분입니다. 이렇게 전정감각은 자세를 유지하고 균형을 유지하는 데 중요한 감각으로, 아이가 성장하고 발달하는 모든 과정과 영역에서 영향을 줍니다.

아이가 과제를 하기 위해 책상에 바른 자세로 앉아있는 것, 공을 던지거나 점프를 하기 위해 중심을 잡고 서 있는 활동, 옷 입기, 가위질하기, 두발뛰기, 자전거 타기 등 몸의 좌우 양측을 사용해야 하는 활동 모두 전정감각의 영향을 받습니다.

또한, 전정감각은 청각과 시각의 처리에도 영향을 줍니다. 어디에서 나는 소리인지 찾거나 비슷한 말소리의 차이를 구분해 내는 것, 글자 크기를 조절하고 글자와 단어 간격 등을 맞추는 것에도 영향을 미칩니다. 아이가 글씨를 왼쪽 위에서부터 오른쪽으로 읽고 쓰는 것도 전정감각의 영향을 받는 것이므로 습관적으로 한 줄씩 빠트리고 읽는 아이에게는 전정감각 활동이 도움이 됩니다. 또한 오른쪽 손을 사용할 때 몸의 왼쪽 부분을 잘 사용하지 않는 아이에게도 전정감각 활동이 좋습니다.

전정감각놀이가 필요한 아이

전정감각 활동을 통해 몸의 자세 조절을 익히며 움직임이 많고 빠른 활동에 새롭게 도전해봅니다. 전정감각 처리가 좋아지면 잘 넘어지지 않고, 넘어지려는 상황에서도 중심을 잡아 몸을 보호할 수 있습니다. 또한 바른 자세로 앉아서 활동을 할 수 있으며 안정적으로 두 손을 사용하여 가위질이나 글씨 쓰기를 할 수 있습니다.

❶ 움직이는 활동에 예민하게 반응해요 → 24쪽, 26쪽, 28쪽, 72쪽, 88쪽, 92쪽 놀이가 도움이 돼요.
- ☐ 놀이터에서 그네나 미끄럼틀, 회전하는 기구를 싫어합니다.
- ☐ 엘리베이터나 에스컬레이터 타기를 무서워합니다.
- ☐ 새로운 활동을 하고 싶어 하지 않으며, 시도하기까지 시간이 오래 걸립니다.
- ☐ 자동차에서 멀미를 심하게 합니다.
- ☐ 잡기놀이나 아이들과 부딪히는 것에 예민하게 반응합니다.

❷ 땅에서 발이 떨어지는 활동을 무서워해요 → 26쪽, 28쪽, 50쪽, 52쪽, 72쪽, 76쪽, 92쪽, 94쪽 놀이가 도움이 돼요.
- ☐ 위험하지 않아도 위험한 것처럼 느끼며 무서워합니다.
- ☐ 아주 약간 높은 곳도 무서워하며, 길 가장자리로 걷는 것을 싫어합니다.
- ☐ 두 발이 땅에서 떨어지는 것을 무서워하여 들어 올려 안아주는 것을 거부합니다.
- ☐ 계단을 오르내릴 때 난간이나 엄마 손을 꼭 집습니다.
- ☐ 머리 감길 때 머리를 거꾸로 하거나 기울이는 것을 힘들어합니다.

➡ 안전한 환경에서 활동하게 해주세요
바닥에 매트를 깔아주세요. 넘어질 수 있는 곳에서는 잡을 수 있는 물건 또는 손잡이가 있는 곳에서 활동합니다. 넘어져도 다치지 않고 안전하다는 것을 확인하면 불안감이 점점 감소합니다.

➡ 고유수용성감각을 느낄 수 있는 활동을 함께해요
그네나 미끄럼틀을 타기 전에 철봉 매달리기나 정글짐 오르기와 같이 고유수용성감각을 자극하는 활동을 하면 신경계를 안정하는 데 도움이 됩니다. 전정감각 활동 중간에도 몸을 꼭 안아주거나 손을 꾹꾹 눌러주는 것이 도움이 됩니다.

❸ 더 많이 움직이고 싶어요 → 74쪽, 78쪽, 80쪽, 82쪽, 84쪽, 86쪽, 90쪽, 96쪽, 98쪽, 100쪽, 102쪽 놀이가 도움이 돼요.
- ☐ 어디에서든 계속 움직이고 싶어 합니다.
- ☐ 놀이공원에 가면 속도가 빠르거나 회전하는 놀이기구를 좋아하며 계속 타고 싶어 합니다.
- ☐ 다른 아이보다 트램펄린을 매우 좋아합니다.
- ☐ 놀이터에서 그네를 오랫동안 높이, 빠르게 타고 싶어 합니다.
- ☐ 유치원에서 앉아서 수업을 듣는 것을 힘들어합니다.

➡ 활동할 수 있는 공간을 미리 정해주세요
장소에 따라 아이의 움직임이 허용되는 정도가 다르므로 미리 뛰거나 활동할 수 있는 공간을 명확하게 이야기해줍니다. 사람이 많은 곳이라면 아이를 공간에서 가장 뒤쪽에 있게 하여 아이의 움직임이 다른 사람에게 방해가 되지 않도록 합니다.

➡ 자세 유지를 도와줄 도구를 활용해요
수업 시간에 바른 자세를 유지하기 힘들어하므로 짐볼에 앉아서 간단한 과제를 하거나 수업을 듣게 하는 것이 좋습니다. 움직이고 싶을 때 짐볼에서 엉덩이를 위아래로 움직이면 전정감각을 자극할 수 있습니다. 또한 팔이나 손을 계속 움직이는 아이라면 작은 스퀴즈볼이나 악력기 등을 호주머니에 넣고 다니며 수시로 만지는 것도 도움이 됩니다.

이불 김밥말이

아이를 이불 위에 눕힌 후 돌돌 마는 김밥말이놀이입니다.
김밥말이를 한 아이를 꾹꾹 눌러주면 고유수용성감각을 자극할 수 있으며,
아이가 데굴데굴 굴러 김밥말이가 풀어질 때면 전정감각을 자극할 수 있습니다.

고유수용성감각 ★★★★☆ | 전정감각 ★★★★★ | 촉각 ★★☆☆☆ | 시지각 ★☆☆☆☆ | 청지각 ★☆☆☆☆

준비물

낮잠 이불(또는 담요)

사전 준비

낮잠 이불이나 담요 등 작은 이불을 바닥에
펼칩니다.
다치지 않도록 미리 주변을 정리하고
푹신한 매트 위에서 활동하는 것이
좋습니다.

+++ 이런 효과를 기대할 수 있어요

바닥을 데굴데굴 구르는 것은 전정감각을 강하게 자극할 수 있는 활동입니다. 속도가 더 빠를수록 아이는 더 많은 전정감각
자극을 받습니다. 이불로 아이를 꼭 감싸는 활동은 고유수용성감각 자극을 주며, 각성을 조절하고 진정하게 하는 효과도
있으니 자기 전에 잠투정을 길게 하는 아이에게도 도움이 됩니다.

바닥에 펼쳐놓은 이불 위에 아이가
눕습니다.

 조심스럽게 이불과 아이를 굴려 돌돌
말아 김밥말이를 만듭니다.

⭐ 김밥말이 한 아이의 몸을 꾹꾹
눌러주는 것도 좋습니다.

 다 말고 난 후 "하나, 둘, 셋!" 하고 구
령을 세며 이불 끝을 잡고 세게 당겨
풀어줍니다.

❗ 이불을 당길 때 너무 빠르게 하면
아이가 놀랄 수 있으니 속도를
조절해주세요.

 세게 옆으로 구른 후 아이가 흥분한다면, 아이를 이불로 다시 말고 온몸으로 꼭 안아주거나
꾹꾹 눌러주세요.

전정감각

흔들흔들 이불 그네

이불 위에 아이를 눕히고 보호자가 양쪽에서 잡고 흔들흔들
흔들어주는 놀이입니다. 노래에 맞춰 흔들어주다가 이불 채로
푹신한 곳에 내려놓거나 살살 떨어트려주세요.

고유수용성감각 ★★★☆☆ | 전정감각 ★★★★★ | 촉각 ★★☆☆☆ | 시지각 ★☆☆☆☆ | 청지각 ★☆☆☆☆

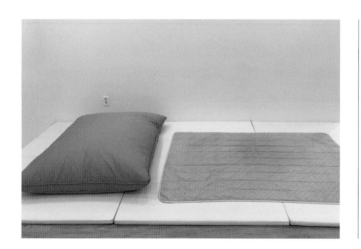

준비물

이불, 푹신한 깔개나 대형 쿠션

사전 준비

장애물이 없는 넓은 공간에서 활동합니다.
다치지 않도록 미리 주변을 정리하고
푹신한 매트를 깔아주세요. 침대 옆에서
활동하는 것도 좋습니다.

+++ 이런 효과를 기대할 수 있어요

아이는 이불 안에서 이리저리 흔들리고 데굴데굴 구르면서 다양한 방향의 전정감각 자극을 받습니다. 또한 떨어지지 않도록
양손을 꽉 잡거나 몸을 세울 때, 또는 푹신한 곳에 떨어질 때는 온몸에 고유수용성감각 자극을 함께 받을 수 있습니다.

이불 한가운데에 눕습니다.

 엄마 아빠가 이불의 양쪽을 잡고 아이를 좌우로 흔들면서 이불 안에서 아이가 굴러다니도록 합니다.

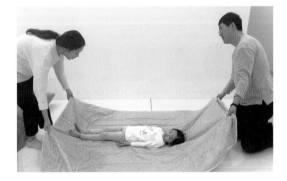

아이의 반응을 보도 강도를 조절하세요.

 "하나, 둘, 셋!"을 세며 푹신한 곳에 이불 채로 아이를 내려놓거나 조심해서 떨어뜨립니다.

미리 숫자를 세어 아이에게 떨어진다는 신호를 주면 마음의 준비를 할 수 있습니다.

 보호자가 이불을 같은 쪽으로 비스듬히 기울이면 아이가 쉽게 미끄러지며 구를 수 있습니다.

① ② ③

이불 썰매

이불 위에 아이를 앉히거나 눕히고 보호자가 이불의 한쪽을 잡고
썰매를 타듯 끌어서 움직이는 활동입니다. 속도를 줄이거나 높여보고
빙글빙글 돌기도 하는 등 방향과 속도에 변화를 주며 이동해봅니다.

고유수용성감각 ★★★★☆ | 전정감각 ★★★★★ | 촉각 ★★☆☆☆ | 시지각 ★☆☆☆☆ | 청지각 ★☆☆☆☆

준비물
이불, 반환점으로 쓸 장난감

사전 준비
장애물이 없는 넓은 공간에서 활동합니다.
한쪽에 장난감으로 반환점을 정하고
반대쪽에 이불을 펼쳐놓습니다.

+++ 이런 효과를 기대할 수 있어요

보호자가 끌어주는 방향에 따라 아이 머리의 움직임이 변하고 그에 따라 전정감각이 자극됩니다. 이불이 움직일 때 아이는
몸의 중심을 잡기 위해서 반대 방향으로 몸을 움직이게 되는데, 이러한 활동을 통해 아이의 몸을 세우는 코어 근육도
발달합니다.

펼친 이불 위에 아이가 눕거나 앉습니다.

 앉기, 눕기, 엎드리기 등 다양한 자세로 썰매를 타봅니다.

2 보호자가 이불의 끝부분을 잡고 끌어줍니다.

3 반환점을 돌아서 오기도 하고, 직선으로 쭉 가거나 빙글빙글 돌아보는 등 이불 썰매를 타고 이리저리 움직여봅니다.

 이불 썰매를 끌고 달리다가 갑자기 멈추는 등의 다양한 활동을 하면 전정감각을 더 크게 자극할 수 있으며, 말랑한 장애물(짐볼, 큰 인형, 쿠션)에 부딪히는 활동을 하면 고유수용성감각 자극도 줄 수 있습니다.

전정감각

날아라 비행기

아이가 보호자 다리 위에 엎드려 비행기를 타는 놀이입니다.
보호자가 무릎을 굽혔다 폈다 하면서 아이를 높게 또는
낮게 움직이면 아이는 놀이기구를 탄 것처럼 신나게 놀 수 있습니다.

고유수용성감각 ★★★★☆ | 전정감각 ★★★★★ | 촉각 ★★☆☆☆ | 시지각 ★☆☆☆☆ | 청지각 ★☆☆☆☆

준비물

없음

사전 준비

장애물이 없는 넓은 공간에서 활동합니다.
다치지 않도록 미리 주변을 정리하고
푹신한 매트를 깔아주세요.

+++ 이런 효과를 기대할 수 있어요

우리는 보통 일어서서 생활하기 때문에 엎드린 자세에서 움직이면 평소보다 강하게 전정감각을 느낄 수 있습니다. 이 놀이는 양손과 발, 몸통 전체에 힘을 주어 엎드린 자세를 유지해야 하므로 고유수용성감각도 자극되며, 각성이 과도하게 높아지지 않으면서도 강한 전정감각 자극을 줄 수 있는 활동입니다.

보호자가 누운 상태에서 양손과 발을 들고 아이의 손을 잡습니다.

손을 잡은 채로 아이의 배를 발바닥으로 받치고 아이의 몸을 당겨 올립니다.

 아이의 반응을 보고,
강도를 조절해주세요.

아이가 다리에 엎드린 자세로 위로 올린 다음 아이가 떨어지지 않도록 좌우, 위아래로 흔들며 비행기를 태웁니다.

비행기를 타고 어디로 갈까요?

 아이가 잘 탄다면 보호자의 다리와 손을 좀 더 세게 흔들며 강도를 조절합니다.

아이가 무서워한다면 다리를 최대한 낮추고 몸을 많이 지지해주면서 몇 번 탈것인지 물어보며 횟수를 조절합니다.

전정감각

높이높이 목말

아이를 어깨에 올려 태우고 다양한 방향으로 움직이는 활동입니다.
집 안을 여기저기 돌아다니며 아이가 평소 눈높이에서는
잘 보지 못했던 집 구석구석을 관찰합니다.

고유수용성감각 ★★★★☆ | 전정감각 ★★★★★ | 촉각 ★★☆☆☆ | 시지각 ★★☆☆☆ | 청지각 ★☆☆☆☆

준비물
없음

사전 준비
보호자가 아이 뒤에 앉아서 손으로 단단히
잡습니다.

✚✚✚ 이런 효과를 기대할 수 있어요

아이는 목말을 타고 올라간 보호자의 키만큼 중력을 느끼며 이는 평소보다 큰 고유수용성감각 자극을 줍니다. 또한 보호자의
어깨 위에서 자세를 유지하기 위해 코어 근육을 사용합니다. 보호자가 앉았다 일어나거나 걸어다니는 등 움직임을 바꿀
때마다 아이는 전정감각을 느낄 수 있습니다.

1 보호자가 아이를 위로 들어 올려 어깨 위에 태웁니다.

2 놀이기구를 타듯 목말을 태우고 앉았다 일어났다 하며 목말에 익숙해지게 합니다.

 처음에는 아이가 무서워할 수 있으니 바로 이동하지 않고 제자리에서 익숙해지도록 기다립니다.

3 목말을 타고 집 안을 돌아다니며 평소 아이의 눈높이에서는 잘 보이지 않던 곳을 찾아봅니다.

 천장에 좋아하는 간식이나 스티커를 붙여놓고 아이가 천장을 올려다보며 직접 찾아보는 활동도 해봅니다.

①②③

똑딱똑딱 시계추

보호자가 아이의 발을 잡고 거꾸로 들어 올린 다음 시계의
추가 되어 좌우로 흔들어주는 놀이입니다. 거꾸로 흔들리면서
몇 번 흔들리는지 세어서 몇 시인지도 알아맞혀봅니다.

고유수용성감각 ★★★★☆ | 전정감각 ★★★★★ | 촉각 ★★☆☆☆ | 시지각 ★★☆☆☆ | 청지각 ★☆☆☆☆

준비물

아이를 내려놓을 푹신한 깔개나 대형 쿠션

사전 준비

장애물이 없는 넓은 공간에서 활동합니다.
다치지 않도록 미리 주변을 정리하고
푹신한 매트를 깔아주세요.

+++ 이런 효과를 기대할 수 있어요

물구나무 서기 자세 자체가 전정-고유수용성감각 자극 활동입니다. 좌우로 흔들리는 것은 전정감각에 큰 자극을 주며 거꾸로
보는 것도 시지각에 자극이 되기 때문에 각성이 낮거나 센 자극을 원하는 아이들이 즐거워하는 놀이입니다.

아이의 발목을 잡고 거꾸로 들어올립니다.

 '시계는 아침부터 똑딱똑딱' 노래를 부르며 아이를 좌우로 흔들어주고, 익숙해지면 몇 시인지 맞혀보게 합니다.

아이의 반응을 살펴 세기와 속도를 조절합니다. 5번 정도 흔든 후에는 잠시 쉰 다음 다시 활동해주세요.

아이를 쿠션이나 깔개 등 푹신한 곳에 내려놓습니다.

 아이를 내려놓을 때 앞이나 뒤로 굴리는 등 다양한 자세로 놓아주는 것도 재미있습니다.

① ② ③

빙글빙글 회전의자

회전의자에 앉아 빙글빙글 의자를 돌리는 활동입니다.
평소 회전의자를 맘껏 돌릴 수 없는 경우가 많은 아이들에게는
의자에 앉아 도는 것만으로도 신나는 놀이가 됩니다.

고유수용성감각 ★★★☆☆ | 전정감각 ★★★★★ | 촉각 ★★☆☆☆ | 시지각 ★★☆☆☆ | 청지각 ★☆☆☆☆

준비물

회전의자, 안대(또는 손수건)

사전 준비

장애물이 없는 공간에 회전의자를
준비합니다.

+++ 이런 효과를 기대할 수 있어요

회전의자에 앉아 제자리에서 빙글빙글 도는 활동은 전정감각을 강하게 자극합니다. 회전하는 동안 세반고리관 안에 있는 림프액이 지속해서 움직이기 때문입니다. 또한 회전하는 의자에서 버티고 앉아있기 위해 몸통 근육을 사용해야 하며, 떨어지지 않기 위해 손으로 의자를 잡는 행동은 고유수용성감각도 함께 자극할 수 있는 활동입니다.

회전의자에 바른 자세로 앉아 팔걸이를 잡습니다.

 의자에서는 한쪽으로 치우쳐 앉거나 일어서지 않도록 미리 주의를 시키세요.

빙글빙글 회전의자 출발합니다.

보호자가 "하나, 둘, 셋!" 구호를 외치며 의자를 힘차게 돌립니다. 왼쪽, 오른쪽 번갈아 돌려주세요.

 아이의 반응에 따라서 속도를 조절해주세요. 회전 후 아이의 눈동자가 떨리는 안구진전이 나타날 수 있으니 이럴 경우 놀이를 중단합니다.

아이의 눈을 가린 후 회전의자를 돌려서 몇 바퀴나 돌았는지 수를 맞춰보는 놀이를 합니다.

 보호자가 의자를 밀거나 끌어서 이동하며 의자 자동차놀이로 확장할 수 있습니다.
아이와 보호자가 역할을 바꿔 보호자가 의자에 앉고 아이가 의자를 돌리거나 움직이게 하는 것도 좋습니다.

① ❷ ③

데굴데굴 쿵

바디필로우나 큰 인형을 꼭 끌어안고 매트 위를 데굴데굴 구르다가
도착점에 둔 쿠션 등에 쿵 부딪혀보는 활동입니다. 다시 반대 방향으로
굴러갔다 돌아오며 계속 반복하여 놀 수 있습니다.

고유수용성감각 ★★★☆☆ | 전정감각 ★★★★★ | 촉각 ★★★☆☆ | 시지각 ★☆☆☆☆ | 청지각 ★☆☆☆☆

준비물

아이 품에 가득 찰 정도로 큰 인형(또는
바디필로우), 대형 쿠션(또는 폴더매트)

사전 준비

매트의 한쪽 끝에 아이가 부딪혀도 괜찮을
정도로 크고 푹신한 쿠션을 두거나
폴더매트를 접어서 세워둡니다.

+++ 이런 효과를 기대할 수 있어요

팔과 다리를 사용하여 커다란 인형을 꼭 안고 데굴데굴 구르면서 전정감각과 고유수용성감각을 동시에 자극할 수 있는
활동입니다. 끝에 있는 쿠션까지 굴러가 부딪히면서 고유수용성감각을 더 크게 자극할 수 있습니다. 또한, 자기 몸과 매트
끝까지의 거리를 측정하는 경험도 할 수 있습니다.

큰 인형을 두 팔로 꽉 끌어안고 "하나, 둘, 셋, 출발!" 하고 신호를 주면, 매트 반대쪽 끝까지 데굴데굴 굴러갑니다.

도착점에 있는 커다란 쿠션까지 굴러 가 쿵 부딪힙니다.

"도착!"이라고 외친 뒤 다시 반대 방향으로 데굴데굴 굴러갑니다.

+ 바닥에 깔린 매트 위에 매트를 두 장 정도 더 깔아서 밑으로 굴러떨어지게 할 수도 있습니다. 매트의 길이를 조절해 더 길게 굴러가게 할 수도 있고, 정해진 시간 안에 빨리 굴러서 도착점에 도착하는 활동도 좋습니다.

① ❷ ③

전정감각

둥글게 둥글게

여럿이 손을 잡고 빙글빙글 도는 놀이입니다. 부모님이나
형제자매, 친구 등 누구나와 함께할 수 있습니다.
스스로 움직임과 속도를 조절하여 주도적으로 활동하도록 합니다.

고유수용성감각 ★★★☆☆ | 전정감각 ★★★★★ | 촉각 ★★★☆☆ | 시지각 ★☆☆☆☆ | 청지각 ★☆☆☆☆

준비물

없음

사전 준비

장애물이 없는 넓은 공간에서 활동합니다.
다치지 않도록 미리 주변을 정리하고
푹신한 매트를 깔아주세요. 그런 다음 같이
놀 사람들이 손을 잡고 모입니다.

+++ 이런 효과를 기대할 수 있어요

손을 잡고 오른쪽, 왼쪽으로 방향을 바꿔가며 돌면서 전정감각을 느낄 수 있는 활동입니다. 아이가 직접 천천히 또는 빠르게
도는 것을 조절하는 과정에서 아이 스스로 움직임을 주도하고 계획해 볼 수 있습니다.

같이 놀 사람들이 손을 잡고 원을 만
듭니다.

 두 명이 해도 되고 여럿이 모여 해도
좋습니다.

 처음에는 한쪽으로 다 같이 천천히
빙글빙글 돌아봅니다.

 처음에는 보호자가 아이의 반응을
보며 방향과 속도를 조절합니다.

3 방향과 속도를 바꾸며 돌아보고 익숙
해지면 아이가 원하는 대로 방향과
속도를 바꿔가며 빙글빙글 돕니다.

 빠른 속도로 돌다가 아이를 안고
넘어져도 봅니다.

 아이가 왼쪽, 오른쪽을 안다면 가고 싶은 방향을 말해보게 하거나 "시속 몇 킬로미터로 갈까?"
등의 질문을 해서 아이가 더 섬세하게 속도나 움직임을 조절할 수 있게 합니다. 빠른 속도로
돌고, 쓰러질 때 아이를 꽉 안아서 눌러주면 고유수용성감각을 자극할 수 있습니다.

전정감각

짐볼 점프

짐볼을 움직이지 않게 고정한 후 아이가 짐볼 위에 올라가서
균형을 잡고 통통 뛰는 활동입니다. 짐볼 위에 서서 균형을 잡고 움직이는 것에
익숙해지면 짐볼 위에서 매트로 폴짝 뛰어내리는 활동도 해봅니다.

고유수용성감각 ★★★★☆ | 전정감각 ★★★★☆ | 촉각 ★★☆☆☆ | 시지각 ★★☆☆☆ | 청지각 ★☆☆☆☆

준비물
짐볼

사전 준비
짐볼을 거실이나 방의 모서리에 두고
움직이지 않게 보호자의 무릎이나 다리로
고정합니다.

+++ 이런 효과를 기대할 수 있어요

아이는 짐볼 위에서 균형을 잡기 위해 전신의 근육을 사용합니다. 짐볼 위에서 균형을 잡는 활동만으로도 전정감각을 자극할
수 있으며, 위아래로 뛸 때 보호자의 손을 꽉 잡음으로써 고유수용성감각도 자극할 수 있습니다.

짐볼 위에 올라가서 보호자의 손을
잡고 균형을 잡고 섭니다.

 미끄러울 수 있으니 양말을 벗고
활동하게 해주세요.

 비틀거리지 않고 잘 서면 짐볼 위에서
통통 뛰어봅니다.

미끄러울 수 있으니 양말을 벗고 짐볼을 잘 고정하지 않으면 떨어질
수 있으니 주의해주세요.

3 짐볼 위에서 매트 위로 폴짝 뛰어내
립니다.

 짐볼 위에서 뛸 때 뛰는 힘이나 속도에 변화를 주게 해봅니다. 또한 보호자가 고정하고 있는
다리에 살짝 힘을 주었다 풀어서 짐볼의 움직임에 변화를 주면 다양한 자극을 줄 수 있습니다.

① ② ③

등 시소

보호자와 아이가 등을 맞대고 팔짱을 낀 채 서로 위로 올렸다
내렸다 하는 놀이입니다. 아이의 발이 바닥에서 떨어질 정도로
높이 올려보고 아이의 몸을 살짝 흔들면서 아이의 전정감각을 자극해주세요.

고유수용성감각 ★★★★☆ | 전정감각 ★★★★★ | 촉각 ★★★☆☆ | 시지각 ★☆☆☆☆ | 청지각 ★☆☆☆☆

준비물
없음

사전 준비
아이와 보호자가 등을 맞대고 무릎을 꿇고
앉습니다.

+++ 이런 효과를 기대할 수 있어요

평소 머리와 허리를 구부리는 자세를 많이 하지만, 뒤로 젖히는 자세는 많이 하지 않습니다. 따라서 몸을 뒤로 젖힌 상태에서
힘껏 들어 올리면 강한 전정감각 자극을 줄 수 있습니다. 아이가 눈을 감고 활동한다면 전정감각을 더 세게 자극할 수
있습니다. 서로의 몸에 기대어 크게 움직이면서 촉각과 고유수용성감각도 자연스럽게 느낄 수 있으며, 보호자가 등으로
아이를 꼭 세게 눌러주면 고유수용성감각을 더 크게 자극할 수 있습니다.

아이와 보호자가 등을 맞대고 앉은
자세에서 서로 뒤로 팔짱을 낍니다.

보호자가 먼저 허리를 앞으로 구부
려 아이의 머리와 몸통이 뒤로 젖혀
지게 합니다.

⭐ 아이의 등이 완전히 젖혀져 머리가
뒤로 넘어가도록 몸을 구부려주세요.

반대로 아이 허리를 앞으로 구부리도
록 하고 보호자가 등으로 아이를 꾹
꾹 눌러주세요. 서로 왔다 갔다 할 때
마다 번갈아 '콩쥐' '팥쥐'와 같은 구령
에 맞춰 움직여주세요.

 보호자가 서서 아이를 등에 올리고 이리저리 돌아다니거나 빙글빙글 돌아주면 더 즐겁고
활기차게 활동할 수 있습니다.

전정감각

거꾸로 그림 맞추기

아이가 서 있는 상태에서 몸을 숙여 다리 사이로 얼굴을 내밀고
보호자가 보여주는 낱말 카드의 이름을 맞히는 놀이입니다.
카드를 움직여 아이가 고개를 움직일 수 있게 합니다.

고유수용성감각 ★★★☆☆ | 전정감각 ★★★★★ | 촉각 ★★☆☆☆ | 시지각 ★★★★☆ | 청지각 ★☆☆☆☆

준비물

낱말 카드

사전 준비

장애물이 없는 넓은 공간에서 활동합니다.
다치지 않도록 미리 주변을 정리하고
푹신한 매트를 깔아주세요.

+++ 이런 효과를 기대할 수 있어요

머리를 아래로 숙인 자세는 전정감각을 강하게 자극하는 자세입니다. 또한 아이는 거꾸로 보이는 카드의 그림을 맞추는
과정에서 시지각을 자극할 수 있습니다. 고개를 숙인 상태에서 보호자가 움직이는 카드에 따라 몸을 움직이는 활동은
신체지각 능력을 높일 수 있습니다. 자신이 움직일 때 사물이 고정되어 있는 것, 사물이 움직일 때 자신이 움직이지 않고
사물을 따라보는 것을 통해 전정감각과 관련된 시각추적(눈으로 따라보기) 기능도 함께 향상됩니다.

바닥에 손이 닿을 정도로 허리를 숙여 머리를 바닥으로 향하게 하고 다리 사이로 뒤를 봅니다.

 보호자가 뒤쪽에서 낱말 카드를 보여주면 그 카드의 그림이나 숫자 등을 맞춥니다.

 보호자가 카드를 오른쪽, 왼쪽으로 움직이면 아이도 고개를 움직여 카드를 보면서 그림을 맞춥니다.

 아이의 다리 사이에 카드를 내려놓고 아이가 직접 카드를 뒤집어보는 활동도 해봅니다.

전정감각

①②③

짐볼 앞구르기

어린아이들은 아직 혼자서 앞구르기를 하기 어려울 수 있으므로
짐볼을 끌어안고 보호자의 도움을 받아 앞구르기를 해봅니다.

고유수용성감각 ★★★★☆ | 선성감각 ★★★★★ | 촉각 ★★★☆☆ | 시지각 ★★☆☆☆ | 청지각 ★★★★☆

준비물
짐볼

사전 준비
장애물이 없는 넓은 공간에서 활동합니다.
다치지 않도록 미리 주변을 정리하고
푹신한 매트를 깔아주세요.
아이는 짐볼을 끌어안고 엎드립니다.

+++ 이런 효과를 기대할 수 있어요

머리가 거꾸로 된 자세는 전정감각을 강하게 자극합니다. 짐볼 위에 엎드리는 자세는 몸통의 균형감각을 향상하며
앞구르기를 하면서 몸의 움직임을 조절하는 경험을 할 수 있습니다. 앞구르기 후에 보호자가 짐볼로 꾹꾹 눌러주면
고유수용성감각을 자극할 수 있습니다. 보통 앞쪽으로 고개가 떨어질 때 손으로 땅을 짚는데, 이것은 아이 스스로 자신을
보호하려는 자연스러운 반응입니다. 평소 이러한 동작이 느리거나 하지 않는 경우, 이 활동을 통해 연습하는 것이 좋습니다.

짐볼에 아이가 엎드린 상태로 보호자가 아이의 발목을 잡고, 아이는 고개를 아래로 숙입니다.

보호자가 아이의 발목을 앞으로 밀며 아이가 짐볼과 함께 앞구르기 하는 것을 도와줍니다.

앞구르기를 할 때 아이의 목이 꺾이지 않도록 주의합니다.

앞구르기를 하고 바닥에 누운 아이의 몸통을 짐볼로 꾹꾹 눌러주세요.

 보호자가 아이의 발을 잡고 미는 세기로 강도를 조절할 수 있습니다. 앞구르기에 성공했다면 짐볼을 아이의 허벅지 아래에 놓아 아이 혼자 앞구르기를 시도하게 해주세요.

① ② ③

소똥구리놀이

짐볼을 끌어안은 아이를 앞뒤 좌우로 흔들어주거나
데굴데굴 굴리는 놀이입니다. 구르고 난 후
아이를 아프지 않게 꾹꾹 눌러주세요.

고유수용성감각 ★★★★☆ | 전정감각 ★★★★★ | 촉각 ★★☆☆☆ | 시지각 ★★☆☆☆ | 청지각 ★☆☆☆☆

준비물

짐볼

사전 준비

장애물이 없는 넓은 공간에서 활동합니다.
다치지 않도록 미리 주변을 정리하고
푹신한 매트를 깔아주세요.

+++ 이런 효과를 기대할 수 있어요

짐볼 위에서 머리를 앞뒤로 움직이는 등 위치를 바꾸는 활동을 통해 전정감각 자극을 높일 수 있습니다. 또한 아이는 두 팔로 짐볼을 놓치지 않게 힘을 주는 과정에서 근력을 키울 수 있으며, 이리저리 구르면서 압박감각도 느낄 수도 있습니다.

짐볼에 엎드려 끌어안습니다.

 아이가 균형을 잡지 못하면
보호자가 몸통을 잡아 도와주세요.

 보호자는 짐볼을 잡은 아이를 앞뒤나
좌우로 흔들어줍니다.

아이의 반응을 보고 흔드는 속도를
조절합니다. 아이가 무서워하면
조금씩만 흔들고 좋아하면 거의
굴리듯이 세게 흔들어주세요.

아이에게 공을 꼭 끌어안게 하고 공
을 굴려 깔려보게도 합니다.

 짐볼에서 미끄러지지 않도록 주의해주세요. 아이가 바닥에 떨어지는 것을 무서워할 경우
놀이를 중단하는 것이 좋습니다. 짐볼을 끌어안고 구르는 것을 힘들어할 경우
'데굴데굴 쿵'처럼 먼저 큰 인형을 안고 굴러본 다음 짐볼을 안고 시도해봅니다.

① ② ③

코끼리 코 빙글빙글

아이가 코끼리 코 자세를 하고 빙글빙글 돈 후 다섯 발자국 정도
떨어져 있는 장난감을 가지고 다시 돌아오는 활동입니다.
신체 조절 능력을 키우는 데 좋습니다.

고유수봉성감각 ★★★☆☆ | 전정감각 ★★★★★ | 촉각 ★★★☆☆ | 시지각 ★★★☆☆ | 청지각 ★☆☆☆☆

준비물

여러 종류의 작은 장난감, 마스킹테이프

사전 준비

위험하지 않도록 주변을 정리하고 매트
위에서 진행합니다.
마스킹테이프로 시작점을 표시하고
반대쪽에 장난감을 늘어놓습니다.

+++ 이런 효과를 기대할 수 있어요

머리를 밑으로 하고 빙글빙글 도는 것은 전정감각을 강하게 자극하는 활동입니다. 아이는 빙글빙글 돌면서 서 있는 자세를 유지하기 위해 균형 유지에 필요한 근육들을 사용합니다. 또한 빙글빙글 돌고 난 후 원하는 물체를 잡기 위해 자신의 신체를 조절하는 경험을 하게 됩니다.

보호자가 먼저 시작점에 서서 코끼리 코 자세를 하고 돌면서 시범을 보여 줍니다.

 아이의 반응을 보고 도는 바퀴의 수와 물건과의 거리를 조절합니다.

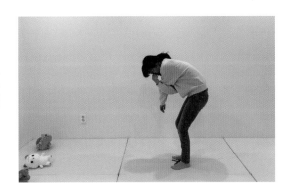

아이가 시작점에서 코끼리 코 자세를 하고 세 바퀴를 빙글빙글 돕니다.

 아이가 도는 것을 어려워하면 손으로 살짝 밀면서 도와줍니다.

휘청휘청 하는 상태에서 반대쪽에 있는 장난감을 가져옵니다.

 어떤 장난감을 가져올지 미리 정해서 난도를 높일 수 있습니다.

 '짐볼 점프', '짐볼 앞구르기'와 같이 짐볼을 활용한 놀이와 함께하는 것도 좋습니다. 짐볼 놀이와 이 놀이를 함께하면서 어떤 놀이를 더 좋아하는지 관찰하면 아이가 수직자극을 좋아하는지 회전자극을 좋아하는지 알 수 있습니다.

전정감각

①②③

물구나무서기

물구나무 자세는 아이의 전정감각을 자극하기 좋은 자세입니다.
물구나무를 선 다음 보호자가 아이의 발을 잡고 손 걸음으로
앞, 뒤로 움직이는 활동도 해봅니다.

고유수용성감각 ★★★★★ | 전정감각 ★★★★★ | 촉각 ★★☆☆☆ | 시지각 ★★☆☆☆ | 청지각 ★☆☆☆☆

준비물
없음

사전 준비
다치지 않도록 미리 주변을 정리하고
푹신한 매트를 깔아주세요.
아이는 벽을 등지고 섭니다.

+++ 이런 효과를 기대할 수 있어요

물구나무 자세는 고유수용성감각과 전정감각을 크게 자극할 수 있는 자세입니다. 평소 발로 움직이던 것과 다르게 손을
앞뒤로 움직여 이동하면서 자기 몸의 체중을 느끼고, 몸 오른쪽과 왼쪽의 협응을 촉진할 수 있습니다.

1 벽 앞에서 몸을 숙인 다음 한쪽 발씩 벽에 올려 물구나무를 섭니다.

 아이가 혼자 하기 어려워하면 보호자가 발을 잡아 올려줍니다.

2 보호자가 아이의 다리를 잡고 완전히 거꾸로 서도록 올립니다.

3 아이가 가고 싶은 방향을 물어보고 손 걸음으로 한 걸음 두 걸음 움직입니다.

 아이의 속도나 방향을 잘 살펴 균형을 잃지 않도록 주의합니다.

 바닥에 누르면 소리가 나는 장난감을 두고 손으로 걸으면서 눌러봅니다. '손바닥 걷기' 놀이로 연결해서 활동할 수도 있습니다.

촉각이란?

촉각은 머리부터 발끝까지 피부 표면을 통해 주위 환경에 있는 사물의 질감, 모양, 크기에 대한 정보를 일차적으로 제공합니다. 즉 우리가 무엇을 만지는지 무언가에 닿아있는지를 알게 해주며 닿아있는 것이 위협적인 촉각인지 아닌지를 구별하는 감각입니다. 촉각 체계는 두 가지로 되어있습니다. 하나는 외부 자극으로부터 방어하는 촉각이며, 다른 하나는 물건의 차이점과 유사점을 인식하게 하여 구별하는 촉각입니다.

● 촉각의 기능

촉각을 느끼는 수용기는 손, 발, 입에 많으며 특히 손가락 끝, 발가락 끝, 혀에 많습니다. 이러한 이유로 아이들은 영아기부터 자신의 몸과 물건들을 손끝, 발끝으로 만져보고 혀로 맛을 보거나 빨면서 정보를 수집합니다. 이 정보들은 아이의 발달 과정에서 자신의 몸을 인지하는 것에 영향을 주는데 우리가 무엇인가를 쥐고 밟고 먹는 것은 모두 다른 무언가와의 접촉이기 때문입니다. 이러한 과정을 통해 아이들은 자신이 좋아하고 싫어하는 것을 인식하고 표현하는 방법을 배웁니다.

촉각을 통해 쌓은 정보는 시각적인 정보와 함께 물건을 인식하고 변별하는 데 큰 기능을 합니다. 우리가 무언가를 보고 그것이 무엇인지 알아차리는 것은 과거의 경험과 연관되어 있기 때문입니다. 예를 들어 사과를 먹어본 적이 있는 아이는 식탁에 있는 사과를 보고 빨갛고 둥글다는 시각적 정보와 함께 단단한 정도, 껍질의 미끈한 정도 등의 촉각적인 정보도 함께 파악하여 사과라는 물건에 대해서 종합적으로 인식합니다.

촉각은 아이의 정서 발달에도 큰 영향을 줍니다. 땅에서 기고 서고 걷는 것부터 잡고 만지는 모든 것이 촉각과 연관이 있기 때문입니다. 만약 아이가 평소에도 만지거나 자신의 몸에 무언가 닿는 것을 싫어한다면 일상생활 활동을 익히거나 놀이 활동을 할 때 많은 제약을 받을 수 있습니다. 예를 들면 씻기, 옷 입기(옷의 질감), 익숙하지 않은 새로운 활동에의 참여, 친구들과 놀이 등에 과민하게 반응하여 친밀감 형성에 영향을 주기도 합니다. 이러한 아이들에게는 도구를 사용하거나 새로운 방법의 촉각놀이를 통해 변별력을 키우는 활동을 하는 것이 효과적입니다.

● 촉각놀이가 필요한 아이

다양한 촉각 경험을 함으로써 아이들은 여러 물건, 사람들에 대한 촉각 정보를 얻을 수 있으며 그것을 구별하는 연습을 할 수 있습니다. 또한 위험한 것, 위험하지 않은 것에 대해 인지할 수 있으며 그러한 자극에 반응하거나 대처하는 방법도 알 수 있습니다. 아이가 촉각에 대한 변별력을 키우게 되면 자신의 신체 인식이나 시지각, 운동 실행 계획 향상에도 도움이 됩니다.

❶ 만지기 싫어요 → 72쪽, 110쪽, 112쪽, 120쪽, 122쪽, 124쪽, 130쪽, 132쪽 놀이가 도움이 돼요.
- ☐ 목욕하기 싫어하거나 온도에 대해 민감하게 반응합니다.
- ☐ 누가 뒤에서 다가오거나 뒤에서 만지면 자주 깜짝 놀랍니다.
- ☐ 작은 신체적 통증에도 과도하게 반응하며 며칠 동안이나 반복하여 이야기합니다.
- ☐ 새로 산 옷, 깃 있는 옷, 목까지 올라오는 옷, 모자 쓰기, 목도리 하기를 싫어합니다.
- ☐ 모래놀이, 풀, 점토놀이와 같이 묻는 놀이를 싫어하며 손에 조금만 묻어도 바로 씻겨달라고 합니다.
- ☐ 손톱 깎기, 칫솔질, 세수하기를 싫어합니다.

➡ 활동 과정을 예측할 수 있게 도와주세요
활동을 하기 전, 활동하는 모습과 과정을 충분히 알려주어 아이가 예측할 수 있게 합니다. 그다음 아이가 놀이에 대한 흥미가 생겨 참여하기를 원하면 진행합니다. 아이가 거부하면 억지로 놀이를 진행하지 않습니다. 지켜보는 것만으로도 다음번 활동에 도움이 됩니다.

➡ 보호장비와 도구를 활용해보세요
아이가 꺼리는 것이 많이 묻지 않도록 장갑을 끼거나 돗자리와 같은 것을 준비합니다. 또한 직접 피부로 만지는 것을 거부하면 숟가락이나 막대기 등의 도구를 사용합니다.

➡ 문제는 즉시 해결할 수 있도록 합니다
아이가 손을 닦을 수 있는 티슈나 물을 미리 준비해두고 갈아입을 수 있는 여분의 옷을 준비합니다.
스스로 묻은 것을 닦아보는 등 해결 방법을 깨닫게 되면 예민하게 반응하는 상황을 줄일 수 있습니다.

❷ 촉각이 둔감해요 → 106쪽, 108쪽, 114쪽, 116쪽, 118쪽, 126쪽, 128쪽, 134쪽, 136쪽, 138쪽, 140쪽, 142쪽 놀이가 도움이 돼요.
- ☐ 코나 입 주위에 무언가 묻어 있어도 알아차리지 못합니다.
- ☐ 넘어져 다치거나 주사를 맞아도 반응이 거의 없습니다.
- ☐ 자신이 어떤 것을 떨어뜨려도 알아채지 못합니다.
- ☐ 보지 않으면 누가 자신의 신체 어느 부분을 만지는지 잘 모릅니다.
- ☐ 눈으로 보지 않으면 지퍼 올리기, 단추 끼우기와 같은 일을 할 수 없습니다.
- ☐ 크레파스, 가위, 포크 등 도구를 잡거나 사용하는 것이 어눌해 보입니다.

➡ 시각 단서를 사용해주세요
신체에 무언가 묻어도 알아차리지 못한다면 거울을 이용하여 옷이나 손에 묻은 것을 보고 직접 닦게 합니다.
이렇게 닦는 과정에서도 촉각을 느끼고 자극할 수 있습니다.

➡ 긴장을 푸는 스트레칭을 해보세요.
지퍼 올리기, 단추 끼우기 등 미세 동작이 필요한 활동 전에는 주먹을 세게 쥐었다가 펴거나 손가락을 하나씩 구부렸다 펴보게 합니다.
이러한 고유수용성감각 활동은 촉각을 느끼는 데 도움을 줍니다.

촉각

1 2 3

두부 케이크 만들기

두부는 아이의 손힘만으로도 쉽게 으깰 수 있는 재료입니다.
힘주는 세기에 따라 다르게 으깨지는 두부를 만지며 탐색해보고,
으깨진 두부를 그릇에 꾹꾹 눌러 담아 케이크를 만들어봅니다.

고유수용성감각 ★★★☆☆ | 전정감각 ★☆☆☆☆ | 촉각 ★★★★★ | 시지각 ★☆☆☆☆ | 청지각 ★☆☆☆☆

준비물

두부 2모, 케이크 틀이 될 수 있는 원통형
그릇, 긴 막대 과자

사전 준비

두부를 으깨는 과정에서 두부 조각이
주변에 튈 수 있으므로 매트를 깔고
활동하는 것이 좋습니다. 놀이 중 아이가
두부를 먹을 수도 있으니 두부를 끓는 물에
데쳐서 준비해주세요.

+++ 이런 효과를 기대할 수 있어요

손으로 으깨기, 쥐기, 누르기 등 다양한 방법으로 두부를 으깨며 힘의 세기에 따라 다르게 느껴지는 두부의 질감을 만지고
탐색할 수 있습니다. 또한 잘 부서지는 두부를 만지면서 손힘의 조절력을 키울 수 있습니다.

1 두부를 손으로 누르거나 꽉 쥐어보고, 눌러보는 등 여러 가지 방법으로 만져서 작은 알갱이로 으깹니다.

 두부가 손에 묻는 것을 싫어하는 아이의 경우, 위생장갑을 끼고 활동하게 합니다.

2 으깬 두부를 그릇에 꾹꾹 눌러 담습니다. 단단하게 담아지면 그릇을 뒤집어 모양이 망가지시 않게 수의하며 두부를 뺍니다.

 두부를 단단하게 눌러야 뒤집었을 때 모양이 망가지지 않아요.

3 두부 케이크 위에 촛불처럼 막대 과자를 꽂고 생일 축하 노래를 부릅니다.

 다양한 모양의 그릇에 으깬 두부를 넣어 여러 가지 형태의 케이크를 만드는 활동도 해보세요. 두부를 으깨지 않고 두부에 직접 막대 과자를 끼워 생일 축하 놀이를 할 수도 있습니다.

① ② ③

마카로니 쿠키 만들기

납작한 클레이 반죽에 마카로니를 넣어 쿠키 모양을
만드는 놀이입니다. 마카로니는 쿠키 위에 토핑처럼 장식할 수도 있고
안에 넣고 뭉치는 등 여러 가지로 활용할 수 있습니다.

고유수용성감각 ★★★☆☆ | 전정감각 ★☆☆☆☆ | 촉각 ★★★★★ | 시지각 ★★☆☆☆ | 청지각 ★☆☆☆☆

준비물

여러 색의 클레이(또는 밀가루 반죽),
마카로니

사전 준비

마카로니는 작은 그릇에 담기보다 쟁반같이
넓은 그릇에 펴놓습니다. 좁은 통에
마카로니를 담으면 아이가 활동하다가 쏟기
쉽습니다.

+++ 이런 효과를 기대할 수 있어요

작은 마카로니 하나하나를 손가락 끝으로 잡는 동작은 아이의 미세 소근육 발달에 좋습니다. 또한 마카로니를 클레이 안에
넣고 반죽하거나 클레이에 박는 활동은 손의 고유수용성감각과 촉각에 자극을 주는 활동입니다.

주먹만 한 크기의 반죽을 뭉쳐서 손
바닥으로 눌러 납작하게 만듭니다.

 마카로니를 집어 반죽에 꾹꾹 눌러
박아서 장식합니다.

 마카로니가 박힌 반죽을 손으로 뭉쳐
마카로니가 보이지 않게 한 뒤, 반죽
을 헤쳐서 숨은 마카로니를 찾아봅
니다.

 다른 작은 물건들을 반죽 안에 넣고 찾아보는 활동을 해봅니다. 이때 물건의 이름을 가르쳐
주지 않고 찾으면서 맞혀보는 놀이도 해보세요.

촉각

울퉁불퉁 알통놀이

아이의 옷 속에 볼풀공을 넣어 알통을 만드는 놀이입니다.
어떤 알통이 생겼는지 거울로 확인해보고 울퉁불퉁 멋진
알통을 사진으로 찍어 자랑해보세요.

고유수용성감각 ★★★★☆ | 전정감각 ★☆☆☆☆ | 촉각 ★★★★★ | 시지각 ★★★☆☆ | 청지각 ★☆☆☆☆

준비물
볼풀공(작은 인형, 솜)

사전 준비
아이와 보호자가 헐렁한 옷을 입고
준비합니다.

+++ 이런 효과를 기대할 수 있어요

옷 속으로 공을 넣어서 몸 구석구석에 공이 닿는 촉각과 고유수용성감각을 느껴보는 활동입니다. 자신의 몸 각 부분을
만져보고 옷 속에 공을 넣는 활동은 아이의 신체 인식을 돕습니다. 또한 공을 넣거나 솜을 뭉치고 넣는 동작을 통해 상체(손-
어깨-몸통)의 협응 활동을 촉진할 수 있습니다.

보호자가 아이의 옷 속으로 볼풀공
을 넣습니다.

 아이도 알통이 생길 때까지 자신의
옷 속에 볼풀공을 넣습니다.

⭐ 몸의 여러 곳에 공을 넣을 수 있도록
도와줍니다.

③ 울퉁불퉁 알통이 만들어지면, 옷 속
의 공을 모두 찾아서 뺍니다.

 볼풀공 외에도 솜뭉치나 옷을 뭉쳐서 넣거나 뺄 수 있습니다. 아이가 공을 빼는 과정 중 어디에
있는지 잘 찾지 못한다면 옷 위로 공을 꾹 눌러 공이 있는 위치를 알려주거나 거울을 보여주어
찾아보게 합니다.

촉각

수수깡 눈이 내려요

수수깡을 작게 부셔서 눈처럼 머리 위로 뿌려보는 놀이입니다.
수수깡을 던져보기도 하고 떨어지는 수수깡을 받기도 하고
맞아보기도 하면서 촉각놀이를 합니다.

고유수용성감각 ★★★☆☆ | 전정감각 ★☆☆☆☆ | 촉각 ★★★★★ | 시지각 ★★★☆☆ | 청지각 ★☆☆☆☆

준비물

수수깡

사전 준비

수수깡이 날려도 쉽게 치울 수 있도록
주변을 정리합니다. 놀이매트에서 활동해도
좋습니다.

+++ 이런 효과를 기대할 수 있어요

손을 사용하여 수수깡을 부수는 활동은 강한 촉각-고유수용성감각 자극과 함께 미세 소근육 촉진에 좋습니다. 수수깡을 하나씩 또는 여러 개를 부러뜨리기 위해 힘을 얼마만큼 쓰고 손목을 어느 정도 구부려야 하는지도 서로 비교해보며 알 수 있습니다. 두 손으로 작은 수수깡들을 가득 들고 뿌리는 활동은 촉각뿐 아니라 시각 자극도 됩니다.

1 수수깡을 손가락 한 마디 크기로 꺾어서 부서뜨립니다.

2 부순 수수깡 조각을 두 손을 사용하여 한군데로 모읍니다.

3 수수깡 조각을 두 손 가득 모아 잡아서 머리 위로 뿌립니다.

 던진 수수깡 조각을 잡아보고 눈처럼 몸으로 맞아봅니다.

 다양한 크기의 그릇을 준비해서 공중에 뿌린 수수깡 조각을 그릇으로 받아보고, 다른 그릇으로 옮기는 활동도 해봅니다.

촉각

로션 썰매 타기

로션을 몸에 많이 바르면 미끌미끌 잘 미끄러집니다. 팔과 다리에
로션을 많이 바르고 손으로 문질러보고 앉거나, 무릎을 꿇는 등
다양한 자세로 썰매를 타듯 미끄러져 보는 놀이입니다.

고유수용성감각 ★★★☆☆ | 전정감각 ★★☆☆☆ | 촉각 ★★★★★ | 시지각 ★★☆☆☆ | 청지각 ★☆☆☆☆

준비물

넓은 비닐(또는 놀이매트), 로션 한 통, 물이
들어있는 분무기

사전 준비

장애물이 없는 넓은 장소에 큰 비닐이나
놀이매트를 펼칩니다. 아이가 로션을 잘
문지르고 쉽게 미끄러질 수 있도록 반팔,
반바지를 입혀주세요.

✚✚✚ 이런 효과를 기대할 수 있어요

로션을 평소보다 많이 덜어 온몸을 문지르면서 신체 각 부분에 촉각 자극을 느낄 수 있습니다. 또한 미끄러지거나 넘어지지
않도록 균형을 유지해야 하므로 자세 조절을 하는 데도 도움이 됩니다.

스스로 로션을 손과 발, 다리에 듬뿍 발라봅니다.

 로션을 바른 몸에 분무기로 물을 뿌리고 하얀 로션이 보이지 않을 정도로 문지릅니다.

 로션과 물이 섞이면 매우 미끄러워 다칠 수 있으니 안전에 주의하게 합니다.

 아이에게 무릎 꿇고 앉거나 네발기기 자세를 하게 한 후 보호자는 아이의 허리를 잡고 뒤에서 앞으로 세게 밀어 앞으로 나가게 합니다.

 놀이매트를 깔면 미끄러지는 정도를 조절할 수 있습니다.

 미끄러져 썰매를 탄 후 원래 자리로 돌아올 때, 네발기기나 배밀이로 기어 오면 고유수용성감각도 함께 자극할 수 있습니다.

촉각

전분 액체 괴물

전분 가루에 물을 섞으면 밀가루나 다른 가루 반죽과는 또 다른 질감을
느낄 수 있습니다. 전분 반죽을 만지고 떨어뜨리면서 촉감이
어떤지 느껴보고 섞은 반죽을 이리저리 옮기는 놀이도 해봅니다.

고유수용성감각 ★★★☆☆ | 전정감각 ★☆☆☆☆ | 촉각 ★★★★★ | 시지각 ★★☆☆☆ | 청지각 ★☆☆☆☆

준비물

전분 가루, 물, 큰 그릇, 물감

사전 준비

바닥이 쉽게 더러워지니 놀이매트 안에
들어가서 활동하면 좋습니다. 전분 가루는
물에 잘 녹으니 욕실 바닥이나 욕조에서
활동하면 뒤처리 시간을 줄일 수 있습니다.

+++ 이런 효과를 기대할 수 있어요

전분을 물에 섞으면 독특한 질감이 됩니다. 아이는 전분 반죽 특유의 질퍽하고 찐득하면서도 뽀드득한 촉감을 느껴볼 수
있습니다. 또한, 두 손을 사용하여 전분을 뭉치고 반죽하면서 양손의 협응력을 키울 수 있습니다.

큰 그릇에 전분 가루와 물을 넣고 섞습니다.

 직접 손으로 섞어보고 만져보면서 느낌을 이야기합니다.

 손에 묻는 것을 싫어한다면 긴 막대나 숟가락을 이용해 놀이하고, 수건을 준비해 수시로 닦도록 합니다.

 좋아하는 색의 물감을 섞어서 다양한 색의 액체 괴물을 만들어봅니다.

 다양한 크기의 그릇을 준비해서 숟가락이나 손으로 옮겨보는 놀이를 할 수 있습니다.

촉각

골판지 빨래하기

골판지 위에 손수건이나 양말을 놓고 주무르고 비벼서 빨아봅니다.
물을 조금 뿌리고 세탁 세제 대신 거품 비누나 로션을 묻혀
비비면서 다양한 촉각놀이를 해보세요.

고유수용성감각 ★★★★☆ | 전정감각 ★☆☆☆☆ | 촉각 ★★★★★ | 시지각 ★★★☆☆ | 청지각 ★☆☆☆☆

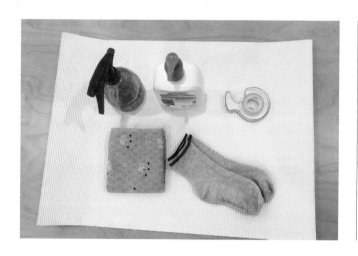

준비물

골판지, 빨랫감(작은 손수건, 양말
등), 분무기, 거품 비누(또는 로션),
셀로판테이프

사전 준비

골판지를 책상 또는 바닥에 테이프로
고정합니다.

+++ 이런 효과를 기대할 수 있어요

손으로 옷을 비비는 동작을 통해 손의 모든 면에 촉각과 고유수용성감각을 느낄 수 있습니다. 집안일을 흉내 내는 놀이는
아이가 좋아하는 활동으로 순서를 기억하고 수행해야 하는 활동입니다. 또한 빨래는 손의 움직임을 조절하고 두 손의
협응력을 사용해야 하며 손의 힘도 키울 수 있는 활동입니다.

골판지 위에 작은 빨랫감을 올리고
빨래하듯 주무르고 비벼봅니다.

2 빨랫감에 분무기로 물을 뿌리고 거품
비누를 뿌립니다.

3 거품이 나는 빨랫감을 손으로 비비거
나 골판지 위에 비빕니다.

 아이와 물놀이를 할 때 분무기를 사용하면 적은 양의 물을 사용하여 다양한 물놀이를 할 수
있으며 놀이 후에 치우기도 부담스럽지 않습니다. 다양한 물놀이에 분무기를 사용해보세요.

촉각

주룩주룩 비가 내려요

분무기로 창문에 물을 뿌리며 여러 가지 활동을 해보는 놀이입니다.
창문에 물을 뿌리고 만져보고 또 그 위에 신문지나
종이를 붙이면서 촉각놀이를 해보세요.

고유수용성감각 ★★★☆☆ | 전정감각 ★☆☆☆☆ | 촉각 ★★★★★ | 시지각 ★★★☆☆ | 청지각 ★☆☆☆☆

준비물

물이 든 분무기, 신문지(또는 한지)

사전 준비

욕실 거울이나 베란다 창문에서 젖어도
되는 옷을 입고 활동을 진행합니다. 여분의
물을 미리 준비해 놓는 것이 좋습니다.

+++ 이런 효과를 기대할 수 있어요

창문에 분무기로 뿌린 물을 만지고, 축축해진 신문지를 만지면서 촉각을 자극합니다. 또한 분무기를 누르는 손동작은
고유수용성감각 활동으로 분리된 손가락의 움직임을 배우게 하며, 거울이나 창문에 물을 뿌리는 과정에서 눈과 손의
협응력을 기를 수 있습니다.

1 분무기로 창문이나 거울에 물을 뿌리고, 맺혀있는 물방울을 손으로 만져봅니다.

 자세를 바꾸거나 발판을 이용하여 물을 더 높이 또는 더 낮게 뿌려봅니다.

2 물방울 위에 신문지를 붙인 후, 잘 붙지 않는 부분에는 다시 분무기로 물을 뿌리고 손으로 꼭꼭 눌러줍니다.

3 젖은 신문지를 떼어내어 뭉쳐보고, 손으로 꽉 쥐어서 물을 짜냅니다.

 거울이나 창문에 스티커를 붙이거나 과녁을 그리고 분무기로 물을 뿌려 맞추는 활동도 해봅니다. 이 활동은 아이의 눈과 손의 협응력 향상을 도울 수 있습니다. 우산에 물을 뿌리는 놀이를 할 수도 있습니다.

촉각

어떤 모양일까?

아이의 눈을 가리고 손바닥이나 등에 도형 블록을 눌러 찍어서 어떤
모양인지 맞히는 놀이입니다. 아이의 촉각을 자극함과 동시에 보호자와 아이의
친밀감을 높일 수 있는 신체 접촉이 자연스럽게 이루어지는 활동입니다.

고유수용성감각 ★★★★☆ | 전정감각 ★★☆☆☆ | 촉각 ★★★★★ | 시지각 ★☆☆☆☆ | 청지각 ★☆☆☆☆

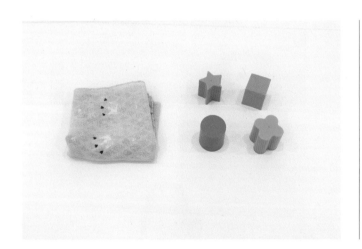

준비물
도형 모양 블록, 안대(또는 손수건)

사전 준비
안대나 손수건을 이용해서 아이의 눈을
가립니다.

+++ 이런 효과를 기대할 수 있어요

시각적 정보 없이 고유수용성감각과 촉각 정보만으로 어떤 모양인지 맞혀야 하므로 체감각(촉각을 사용한 변별 능력)을
발달시킬 수 있습니다. 여러 신체 부위에 블록을 찍어보면서 모양이 더 잘 느껴지는 신체 부위와 둔하게 느껴지는 신체
부위에 대해서도 알 수 있어 신체 인식에도 도움이 됩니다.

손바닥에 도형(동그라미, 세모, 네모 등) 블록을 찍어 어떤 모양인지 맞혀 봅니다.

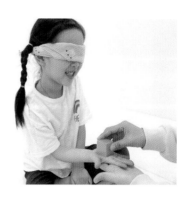

 난도를 높여 등에도 도형을 찍어서 맞혀보고, 몸의 다른 부분에도 찍어서 맞혀봅니다.

 역할을 바꿔 아이가 보호자의 몸 여기저기에 도형을 찍으면서 어떤 모양인지 맞혀봅니다.

 손바닥은 촉각수용체가 많으므로 모양을 구분하기 더 쉽습니다. 손바닥부터 모양 맞추기를 시도한 후 잘한다면 등에 찍어 맞히기 놀이를 해보세요. 아이가 도형의 모양을 정확하게 아는 것보다도 촉각 자극에 집중하는 것이 놀이의 목표입니다.

① ② ③

미라 만들기

아이의 몸 전체에 미라처럼 휴지를 돌돌 말고 움직이면서
그 느낌을 알아보는 놀이입니다. 조심스럽게도 움직여보고
휴지가 찢어질 정도로 세게도 움직여보면서 몸의 힘을 조절해봅니다.

고유수용성감각 ★★★☆☆ | 전정감각 ★☆☆☆☆ | 촉각 ★★★★★ | 시지각 ★★☆☆☆ | 청지각 ★☆☆☆☆

준비물

두루마리 휴지

사전 준비

바른 자세로 서 있거나, 앞으로 손을 내민
자세로 섭니다.

+++ 이런 효과를 기대할 수 있어요

휴지를 손으로 뜯으면 손에 닿는 촉각만 느낄 수 있습니다. 하지만 이렇게 온몸에 휴지를 감으면 온몸에 닿는 촉각도 느낄
수 있어 체감각을 발달시킬 수 있습니다. 또한 휴지를 온몸에 감는 활동은 고유수용성감각과 촉각을 동시에 자극하며, 몸에
힘을 주어 휴지를 찢는 활동을 통해 자기 몸의 힘을 조절하는 경험을 할 수 있습니다.

두루마리 휴지로 아이의 몸통부터
손발 끝과 얼굴까지 온몸을 미라처럼
감습니다.

 아이가 어린 경우 무서워할 수
있으니 눈을 제외하고 감아주세요.

휴지를 온몸에 감고 휴지가 찢어지지
않을 정도로 몸을 이리저리 움직여보
고, 마지막에는 몸에 세게 힘을 주어
휴지를 찢어 탈출합니다.

찢어진 휴지를 모아 위로 던져 뿌려
봅니다.

 휴지를 몸에 감고 휴지가 찢어지지 않도록 조심스럽게 움직인 후, 휴지가 찢어질 정도로
몸에 힘을 주어 움직이면서 힘을 조절하는 경험을 해봅니다. 깁스를 한 환차처럼 휴지를
감으면 병원놀이(역할놀이)로도 확장할 수 있습니다.

촉각

고슴도치 만들기

둥글게 만든 클레이에 이쑤시개나 빨대와 같이 길쭉한 물건을
꽂아 고슴도치를 만드는 놀이입니다. 다양한 모양의
고슴도치를 만들고 장식해서 사진을 찍어보세요.

고유수용성감각 ★★★★☆ | 전정감각 ★☆☆☆☆ | 촉각 ★★★★★ | 시지각 ★★★☆☆ | 청지각 ★☆☆☆☆

준비물

여러 색의 클레이, 이쑤시개나 수수깡, 빨대
등 길쭉한 물건

사전 준비

준비물이 있는 책상에 바르게 앉습니다.
이쑤시개 끝에 다칠 수 있으니 너무
센 힘으로 누르지 않도록 미리 주의를
시킵니다.

+++ 이런 효과를 기대할 수 있어요

말랑한 클레이나 뾰족하고 딱딱한 이쑤시개 등 여러 가지 촉감과 모양의 재료들을 통해 다양한 촉각 경험을 할 수 있습니다.
클레이에 이쑤시개를 꽂는 것은 고유수용성감각, 촉각, 시지각을 동시에 자극할 수 있는 활동입니다. 또한 얇고 긴 물체를
잡고 만지고 꽂으며 미세 손동작을 익힐 수 있습니다.

클레이 덩어리를 주물러서 둥근 고슴
도치 몸을 만듭니다.

고슴도치 몸에 이쑤시개를 꽂습니다.
위에서만 꽂지 말고 보이지 않는 뒷면
이나 옆면에도 골고루 꽂습니다.

! 이쑤시개가 너무 뾰족하다면
미리 끝을 조금 잘라 뭉툭하게
만들어둡니다.

클레이로 여러 가지 모양을 만들고
이쑤시개 끝에 꽂아 고슴도치를 꾸
밉니다.

! 이쑤시개 끝을 너무 세게 누르지
않도록 주의를 시킵니다.

 이쑤시개 외에도 빨대나 수수깡 등 다양한 두께와 길이의 물건으로 고슴도치를 꾸며봅니다.
다른 크기와 장식의 고슴도치를 여러 마리 만들어 고슴도치 가족을 만들 수도 있습니다.

촉각

과일 주스 만들기

부드럽고 잘 으깨어지는 과일을 뜰채에 담은 후 꾹꾹 눌러 으깨면서
어떤 느낌인지 경험해보는 활동입니다. 이렇게 으깬 과일에서 즙이 나오면
컵에 따라서 가족과 함께 나누어 마십니다.

고유수용성감각 ★★★★☆ │ 전정감각 ★☆☆☆☆ │ 촉각 ★★★★★ │ 시지각 ★★☆☆☆ │ 청지각 ★☆☆☆☆

준비물

딸기, 수박, 귤 등 즙이 있는 과일, 뜰채, 큰
그릇, 컵

사전 준비

과일을 물에 씻어 껍질을 벗기거나 꼭지를
따 놓습니다. 아이도 손을 깨끗하게
씻습니다.

+++ 이런 효과를 기대할 수 있어요

과일을 손으로 직접 만져서 으깨거나 누르는 과정은 고유수용성감각을 자극하는 활동이며, 촉각이 예민한 아이의 민감도를
낮추는 데 좋은 활동이기도 합니다. 다양한 과일의 질감을 느껴보고 어떤 느낌이었는지 이야기하면서 다양한 촉각 자극을
경험해봅니다.

큰 그릇 위에 뜰채를 올린 후, 적절한 양의 과일을 올려놓습니다.

 과일을 손으로 누르거나 꽉 잡아 으깹니다.

⭐ 과일이 손에 닿는 것을 거부한다면 위생장갑을 끼거나 막대, 숟가락 등 도구를 이용해 으깨도록 합니다.

3 뜰채 아래로 흘러내린 과일즙을 컵에 따라 가족과 함께 나누어 마십니다.

 여러 가지 과일로 주스를 만들어 과일 주스 가게 놀이를 해봅니다. 치우기 번거롭거나 그릇을 여러 개 사용하기 곤란한 경우 지퍼백에 넣어 으깨게 하면 뒤처리가 쉽습니다.

촉각

플레이콘 집 만들기

플레이콘은 물을 묻혀 여기저기 붙일 수 있는 놀이 재료입니다.
아이가 종이에 그린 집 위에 다양한 색의 플레이콘을 붙여
알록달록 집을 완성해봅니다.

고유수용성감각 ★★★★☆ | 전정감각 ★☆☆☆☆ | 촉각 ★★★★★ | 시지각 ★★★☆☆ | 청지각 ★☆☆☆☆

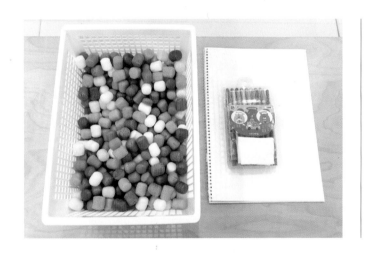

준비물

플레이콘, 물티슈(또는 접시에 담긴 물),
스케치북, 색연필

사전 준비

책상에 바른 자세로 앉습니다.

+++ 이런 효과를 기대할 수 있어요

마른 플레이콘은 말랑거리지만 물에 닿으면 녹아서 찐득하게 변합니다. 물에 닿기 전과 후의 플레이콘 질감을 만져보고 서로 비교해볼 수 있습니다. 또한, 그림에 맞추어 플레이콘을 붙이는 과정은 눈과 손의 협응력을 향상합니다.

1 스케치북에 좋아하는 모양의 집을 커 다랗게 그립니다.

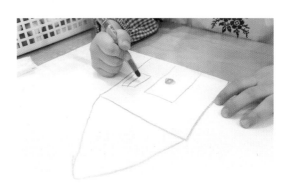

2 플레이콘 한쪽에 물티슈를 꾹 찍어 집 위에 눌러 붙입니다.

 물티슈에 플레이콘을 찍으면 너무 찐득해지지 않습니다.
녹은 플레이콘이 손에 닿는 것을 싫어한다면 위생장갑을 끼고 활동하게 합니다.

3 플레이콘을 칼로 잘라 다양한 모양을 만들 수도 있습니다. 여러 가지 플레이콘을 붙여 집을 완성합니다.

 플레이콘끼리 물을 묻혀 붙이면 블록처럼 높게 쌓을 수 있습니다. 또한 이쑤시개로 플레이콘을 연결하면 물을 묻히지 않고도 모양을 만들 수 있습니다.

촉각

신문지 옷 만들기

아이와 함께 신문지를 길게 찢고 구멍을 뚫어서 신문지 옷을 만들어
입어보는 놀이입니다. 신문지를 넉넉하게 준비해서 길거나 짧게, 풍성하게 등
아이가 원하는 대로 옷을 만들어서 입고 함께 사진도 찍어보세요.

고유수용성감각 ★★★☆☆ | 전정감각 ★☆☆☆☆ | 촉각 ★★★★☆ | 시지각 ★★★☆☆ | 청지각 ★☆☆☆☆

준비물

신문지 또는 얇은 한지

사전 준비

하의는 고무줄 바지처럼 신문지를 쉽게
넣을 수 있는 옷을 입습니다.

+++ 이런 효과를 기대할 수 있어요

아이는 신문지를 일정하게 찢으면서 두 손과 눈의 협응력을 키울 수 있습니다. 옷 안에 신문지를 넣으면서 촉각과
고유수용성감각을 느낄 수 있으며 이런 경험은 신체 인식을 높이는 데 좋습니다. 아이에게 안 보이는 등 쪽 허리까지 손을
뻗어 신문지를 넣어보게 하면서 신체 인식 감각을 키워주세요.

신문지를 길쭉하게 찢습니다.

 스티커를 붙이거나 색을 칠해 신문지
옷을 꾸밀 수 있습니다.

바지 허리의 고무줄 안에 신문지의 끝
을 넣습니다. 치마 모양이 되도록 앞
부터 뒤쪽 등까지 허리를 쭉 둘러 넣
습니다.

찢지 않은 큰 신문지 가운데에 머리
가 들어갈 구멍을 뚫어서 티셔츠를
만든 후 위에 입습니다.

 신문지 옷이 찢어지지 않게 조심해서 벗어보고, 다음에는 신문지 옷을 찢으며 벗어보면서
몸의 움직임이나 힘을 조절해봅니다.

촉각

김밥 만들기

요리 활동은 아이들의 편식을 줄일 수 있고 간단한 순서를
기억하여 실행할 수도 있는 좋은 활동입니다. 아이와 함께 김밥을 만들면서
다양한 김밥 재료를 만져보고, 채소와 친해지는 기회를 가집니다.

고유수용성감각 ★★★☆☆ | 전정감각 ★☆☆☆☆ | 촉각 ★★★★★ | 시지각 ★★☆☆☆ | 청지각 ★☆☆☆☆

준비물

김밥용 김, 밥, 달걀, 단무지, 햄, 게맛살,
김발, 숟가락, 앞치마와 두건

사전 준비

요리를 시작하기 전에 전체적인 요리
순서에 대해 아이에게 알려줍니다. 아이가
앉은 테이블에 쟁반과 김밥 재료들을
준비합니다. 평소 싫어하던 채소 재료를
준비하는 것도 좋습니다.

+++ 이런 효과를 기대할 수 있어요

밥을 김에 올려 눌러 펴고, 다양한 재료를 손으로 만지고, 김밥을 꾹꾹 마는 등 김밥을 만드는 전 과정에서 촉각과 고유수용성
감각을 자극할 수 있습니다. 아이가 평소에 잘 먹지 않는 채소도 직접 요리하는 과정에서 친숙해지고 스스로 먹어보는 기회가
됩니다.

김발 위에 김을 올려놓고, 밥을 펴줍
니다.

 다양한 김밥 재료들을 밥 위에 나란
히 올려놓습니다.

 정해진 김밥 재료가 아니어도
괜찮으니 아이가 좋아하는 다양한
재료를 준비해주세요.

 양손을 이용해서 김밥을 꼭꼭 누르며
말아줍니다.

 아이 혼자 만드는 김밥이
어설프더라도 가능하면 혼자 할 수
있도록 기다려줍니다.

 김밥용 김을 4조각으로 자르고 들어가는 재료를 줄여서 꼬마김밥을 만들어보세요.
아빠 김밥, 엄마 김밥, 아이 김밥 등 다양한 크기의 김밥을 만들어 크기를 비교해봅니다.

촉각

호떡 만들기

시판 호떡 믹스를 이용해 아이와 함께 꿀호떡을 만들고
직접 먹어보는 활동입니다. 다양한 크기의 호떡을 만들어
크기를 비교하는 활동도 해보세요.

고유수용성감각 ★★★☆☆ | 전정감각 ★☆☆☆☆ | 촉각 ★★★★★ | 시지각 ★★☆☆☆ | 청지각 ★☆☆☆☆

준비물

호떡 믹스, 꿀가루(흑설탕), 식용유,
물, 주걱, 숟가락, 위생장갑(어린이용),
앞치마와 두건

사전 준비

요리를 시작하기 전에 전체적인 요리
순서에 대해 아이에게 알려줍니다.
호떡 반죽 재료와 속재료는 직접 준비해도
좋고 간단히 시판 재료를 사용해도
좋습니다.

+++ 이런 효과를 기대할 수 있어요

아이는 요리 활동을 통해 요리의 순서를 익히고, 순서에 맞게 활동을 진행하는 경험을 할 수 있습니다. 찐득거리는 호떡 반죽을 만짐으로써 촉각을 자극할 수 있으며 반죽 안에 숟가락으로 꿀가루를 넣는 작업을 통해 힘 조절 경험도 할 수 있습니다.

큰 그릇에 호떡 믹스와 분량의 물을 넣습니다.

 찐득찐득한 호떡 반죽이 될 때까지 주걱으로 잘 저어줍니다.

⭐ 시간이 걸리더라도 가능하면 아이가 혼자 할 수 있도록 기다립니다.

 손에 식용유를 묻히고 반죽을 둥글넓적하게 만든 다음 반죽 안에 꿀가루를 넣고 오므려줍니다.

⭐ 다양한 크기의 호떡을 만들어봅니다.

 보호자가 불에 구워준 뒤 완성된 호떡을 함께 나눠 먹습니다. 아이가 글자를 읽거나 쓸 줄 안다면 요리 순서를 종이에 적어 볼 수 있습니다.

촉각

쿠키 만들기

간단한 쿠키 만들기는 아이와 함께하기 좋은 대표적인
베이킹 활동입니다. 쿠키를 만들어 친구에게 선물로 주면
요리 활동의 의미가 더 와 닿게 됩니다.

고유수용성감각 ★★★☆☆ | 전정감각 ★☆☆☆☆ | 촉각 ★★★★★ | 시지각 ★★☆☆☆ | 청지각 ★☆☆☆☆

준비물

쿠키 믹스, 버터 한 스푼, 달걀 1개, 큰
그릇, 밀대, 모양틀, 앞치마와 두건

사전 준비

요리를 시작하기 전에 전체적인 요리
순서에 대해 아이에게 알려줍니다.
쿠키 반죽은 직접 준비해도 좋고 간단히
시판 재료를 사용해도 좋습니다.

+++ 이런 효과를 기대할 수 있어요

아이는 요리 활동을 통해 요리의 순서를 익히고, 순서에 맞게 활동을 진행하는 경험을 해볼 수 있습니다. 아이 스스로 달걀을
깨트리면서 힘 조절을 할 수 있으며, 여러 가지 주방 도구들을 사용하면서 다양한 손 조작 활동을 할 수 있습니다. 또한
반죽을 만지고 원하는 모양을 만들면서 촉각과 고유수용성감각을 자극할 수 있습니다.

큰 그릇에 분량의 재료를 넣고 젓습니다.

2 반죽을 쟁반에 놓고, 밀대로 밀어 평평하게 만듭니다.

3 평평한 반죽 위에 원하는 모양틀을 올려놓고 꾹 찍습니다.

 여러 가지 모양틀을 준비해서 아이가 원하는 다양한 모양의 쿠키를 만듭니다.

 쿠키 반죽에 코코아가루를 넣으면 초콜릿 쿠키를 만들 수 있습니다.

원하는 만큼의 쿠키 반죽이 준비되면 보호자가 전자레인지나 오븐에 구워줍니다.

미리 누구에게 선물할 것인지 정한 다음, 완성한 쿠키를 포장해서 선물해도 좋습니다.

촉각

① ② ③

유부초밥 만들기

유부초밥은 쉽고 간단하게 만들 수 있는 음식입니다. 시판 유부초밥
세트를 이용해서 아이가 직접 먹을 유부초밥을 만들어보고
자신이 만든 유부초밥으로 한 끼 식사를 해보는 활동입니다.

고유수용성감각 ★★★☆☆ | 전정감각 ★☆☆☆☆ | 촉각 ★★★★★ | 시지각 ★★☆☆☆ | 칭지각 ★☆☆☆☆

준비물

유부, 속재료(밥 양념용), 밥, 주걱, 볼,
접시, 위생장갑(어린이용), 앞치마와 두건

사전 준비

요리를 시작하기 전에 전체적인 요리
순서에 대해 아이에게 알려줍니다.
유부와 속재료는 직접 준비해도 좋고
간단히 만들 수 있는 시판 재료를
사용해도 좋습니다.

+++ 이런 효과를 기대할 수 있어요

아이는 요리 활동을 통해 요리의 순서를 익히고, 순서에 맞게 활동을 진행하는 경험을 할 수 있습니다. 손으로 유부와 밥을
직접 만지면서 촉각과 고유수용성감각이 자극되며, 여러 가지 주방 도구들을 사용해보면서 다양한 손 조작 활동을 해보고,
유부 안에 밥을 넣으면서 크기와 양에 대한 개념도 익힐 수 있습니다.

1 볼에 밥을 넣고 속재료를 넣습니다.

2 밥과 속재료를 잘 섞어줍니다.

 속재료를 섞을 때는 손으로 직접
하는 것이 좋지만 만지기 싫어하면
주걱을 이용합니다.

3 유부에 숟가락으로 적당량의 밥을 넣
고 꼭꼭 눌러줍니다.

 유부초밥이 터지지 않도록 양과 힘을
조절하게 도와주세요.

 유부초밥을 완성한 후, 빵 칼을 사용하여 유부초밥을 반으로 잘라봅니다.

위생장갑을 끼는 것을 싫어한다면 손에 살짝 기름을 묻히고 활동을 진행합니다.

촉각

주머니 안에 무엇이 있을까?

주머니 안에 다양한 물건을 넣은 뒤 눈을 감고 손을 넣어
촉감만으로 주머니 안에 있는 물건을 맞히는 놀이입니다.
아이가 느끼는 촉각 정보에 대해 함께 이야기를 나누면 좋습니다.

고유수용성감각 ★★★★☆ | 전정감각 ★☆☆☆☆ | 촉각 ★★★★★ | 시지각 ★☆☆☆☆ | 청지각 ★★☆☆☆

준비물

주머니, 다양한 촉감의 물건(인형, 공, 작은
장난감 등)

사전 준비

부드러운 물건, 까칠까칠한 물건, 딱딱한
물건, 폭신한 물건 등 다양한 느낌의
물건을 준비합니다.

+++ 이런 효과를 기대할 수 있어요

아이는 물건을 만져보고 촉각과 고유수용성감각 정보 및 자신의 경험과 알고 있는 정보를 사용하여 물건의 이름을 유추해야
합니다. 이렇게 아이가 손으로 만진 물건의 느낌을 표현하는 활동은 언어 표현을 함께 촉진해줍니다.

주머니 안에 여러 가지 물건을 넣습
니다.

주머니 안에 손을 넣어 물건을 만져
보고 어떤 느낌인지 말해봅니다.

보호자가 물건을 정하면 그 물건을
찾아 꺼냅니다.

 물건 찾는 것을 어려워하면 말로
느낌이나 모양에 대한 힌트를
줍니다.

 아이가 쉽게 물건을 찾으면 어떤 물건을 넣는지 모르게 하고 만지는 느낌만으로 무엇인지
맞추도록 해봅니다. 아이가 맞히기 어려워하면 색깔이나 종류 등의 힌트를 주거나 객관식으로
놀이를 진행하여 난이도를 조절할 수 있습니다.

시지각이란?

시지각이란 보이는 것이 무엇인지 알고, 무엇이 자신에게 다가오는지 예측할 수 있고, 그에 대한 반응을 준비할 수 있도록 하는 복잡한 과정을 처리하는 감각입니다. 시지각과 시력을 혼동할 수 있는데 시력은 벽에 걸려 있는 숫자나 글자를 식별하는 기본 능력으로 시지각의 한 부분입니다. 눈을 통해 들어오는 외부정보를 지각하고 인식하는 것을 시지각이라고 하며, 시지각이 발달할수록 좀 더 정확하게 시각 정보를 해석할 수 있게 됩니다.

시지각의 기능

우리는 대부분의 외부정보를 시지각을 통해 얻고 판단합니다. 아이들 역시 이러한 시지각 정보를 통해 자조 활동(독립적 일상생활을 하는 데 필요한 기본적인 기술)과 학습 능력을 키우고 있습니다. 아이에게 필요한 시지각은 시력과는 달리 태어날 때부터 가지고 있는 것이 아니라 아이가 커가면서 발달하고 통합하는 기술입니다.

집중해서 보기	선택적 집중 보고 싶은 것, 원하는 것을 집중해서 보는 것 시각추적 한 가지 사물의 움직임을 따라가서 보는 것
보고 기억하기	시각기억 과거에 본 것에 대해서 기억하고 회상하는 것 순서기억 차례와 순서들을 기억하는 것
보고 인식(변별)하기	모양, 크기, 색깔들을 인지하여 사물을 특성에 따라 분류하는 것 물체지각 형태 식별(물체의 크기나 방향이 달라도 같은 물체인 것을 아는 것) 전경-배경 구분(전체 이미지에서 의미를 둔 하나를 찾아내는 것 ex) 숨은그림찾기) 공간지각 공간 관계(사물과 공간과의 관계를 아는 것, 방향에 대한 인지-앞/뒤/위/아래/좌/우/안/밖), 깊이 지각(사물 간이나 사물과 나와의 상대적인 거리를 아는 것), 지남력(길 찾기)
보고 움직이기	협응 활동 눈과 손의 협응(가위, 펜 등의 도구 사용), 눈과 발의 협응, 양측 협응 시각-운동기술 향상 시각 정보를 인식해 몸을 움직이는 것

● 시지각놀이가 필요한 아이

아이는 시지각 능력이 향상하면서 집중해서 보기, 보고 기억하기, 보고 인식하기, 보고 움직이기 능력을 키웁니다. 예를 들어 단추 끼우기, 숟가락 사용하기, 세수하기 등의 자조 활동과 레고 조립과 같은 입체 블록 구성, 퍼즐 맞추기 등을 잘하게 됩니다. 또한, 만들기나 역할놀이에서 본 것을 기억하고 해보는 등의 놀이 활동과 쓰기, 읽기, 기억해서 (언어적/비언어적으로) 표현하기 등의 학습 활동 능력이 향상됩니다.

❶ 보고 활동하는 것을 어려워해요 → 146쪽, 152쪽, 160쪽, 164쪽, 166쪽, 174쪽, 178쪽, 180쪽, 182쪽 놀이가 도움이 돼요.

- ☐ 모빌이나 비눗방울 등 움직이는 물체를 따라보는 것이 어렵습니다.
- ☐ 서랍에서 물건을 찾거나 단체 사진 중 아는 얼굴 찾기에 어려움을 보입니다.
- ☐ 구멍에 맞추어 단추를 끼우거나, 신발을 바르게 놓는 데에 어려움이 있습니다.
- ☐ 집중해야 하는 활동을 보지 않고 주변의 것만 쳐다보며 이야기합니다.
- ☐ 신발장에서 자기 자리를 찾아 신발을 놓는 것을 어려워합니다.
- ☐ 장소를 이동할 때 길을 잘 찾지 못하고 쉽게 잃어버립니다.
- ☐ 작은 물건(콩, 작은 블록 조각 등)을 잘 집지 못하고 놓칩니다.
- ☐ 퍼즐 맞추기나 블록 쌓기를 잘하지 못합니다.
- ☐ 선에 맞추어 자르는 가위질 활동을 어려워합니다

➜ 주변 환경을 단순하게 정리해주세요

너무 많은 물건이 있거나 정리가 되어있지 않으면 선택적으로 주의집중하여 원하는 것을 보기 힘들어합니다. 아이가 생활하는 공간에는 꼭 필요한 것들만 놓고 그렇지 않은 것은 되도록 보이지 않게 치워주세요. 특히 아이가 공부하는 책상 위에는 아무것도 두지 않고, 학습해야 할 과제와 필요한 도구들만 올려 두는 것이 좋습니다.

➜ 쉽게 찾을 수 있도록 물건을 정리하세요

장난감이나 자신의 옷, 신발 등을 찾을 때 오래 걸리거나 도움을 요청하는 경우가 많습니다. 물건을 정리할 때는 용도별로 구분한 색깔 바구니를 사용하고, 바구니 앞쪽에 그림 또는 글씨를 붙여 아이가 쉽게 찾을 수 있도록 합니다. 한번 정리한 바구니는 되도록 색깔과 위치를 자주 변경하지 않는 것이 좋습니다.

❷ 읽고 쓰거나 그리는 것을 어려워해요 → 150쪽, 168쪽, 170쪽, 172쪽, 176쪽 놀이가 도움이 돼요.

- ☐ 교실에 붙여놓은 안내 표시(숙제 제출하는 곳, 신발 놓는 곳 등)를 찾지 못합니다.
- ☐ 글자를 읽을 때 줄을 헷갈리거나 글자를 빼고 읽습니다.
- ☐ 글자를 거꾸로 쓰거나 글자 간격을 못 맞춥니다.
- ☐ 색칠할 때 자주 선 밖으로 튀어 나갑니다.
- ☐ 도형을 그릴 때 각이나 닫힌 도형을 그리는 것을 어려워합니다.

➜ 도구를 활용해보세요

책을 읽을 때 윗줄과 아랫줄을 오가며 읽거나 글자를 잘 빠뜨리고 읽는 경우, 읽고 있는 문장 아래에 자를 대주어 읽고 있는 곳을 알려줍니다. 점점 아이 스스로 자를 아래로 내리며 읽게 합니다. 또한 자르기 활동 시에도 자르는 선을 눈에 띄는 다른 색(예:빨간색)으로 명확하게 구분해주면 좋습니다.

➜ 쓰기 난이도를 조절해주세요

글자나 도형을 알려줄 때는 연하게 쓴 글자나 도형 위에 연습하거나 점선이나 점을 찍어서 미리 연습하게 합니다. 이때 '밑 글자 〉 점선 〉 점'의 순서로 난이도를 조절해주세요.

① ② ③

비눗방울 야구

날아다니는 비눗방울을 야구방망이로 쳐서 터뜨리는 놀이입니다.
처음에는 비눗방울이 너무 많지 않게 2~3개로 시작해서 점점 늘려보세요.
내려오는 비눗방울을 보고 방망이로 터뜨리며 신나게 놀 수 있습니다.

고유수용성감각 ★★★☆☆ | 전정감각 ★★★☆☆ | 촉각 ★★★☆☆ | 시지각 ★★★★★ | 청지각 ★☆☆☆☆

준비물

비눗방울 액, 비눗방울을 불 도구, 어린이용
야구방망이(또는 길고 두꺼운 막대)

사전 준비

장애물이 없는 넓은 공간에서 활동합니다.
다치지 않도록 미리 주변을 정리해주세요.

+++ 이런 효과를 기대할 수 있어요

아이는 이리저리 날아다니는 비눗방울을 눈으로 따라보며 사물을 추적하는 활동(따라보기)을 합니다. 비눗방울을 손으로
터뜨리는 것에 비해 도구를 이용해 터뜨리는 활동은 자신의 몸에서 비눗방울까지의 거리를 더 정확하게 조절하는 경험을
하게 합니다. 이를 통해 시각적 집중력이 발달하며 시각과 운동의 협응 능력도 함께 발달합니다.

보호자가 비눗방울을 2~3개 크게 불어서 높이 날리면 아이가 손으로 비눗방울을 가리켜봅니다.

 비눗방울을 높이 날려야 내려오는 시간이 길어지며 비눗방울 수가 적어야 아이의 집중력이 유지됩니다.

 바닥으로 내려오는 비눗방울을 따라가 먼저 손으로 터뜨립니다.

 공중에 떠 있는 비눗방울을 따라가지 못하면 바닥에 떨어진 방울을 터뜨립니다.

 야구방망이를 사용해서 날아다니는 비눗방울을 하나하나 터뜨립니다.

 방망이 외에도 다양한 도구를 이용해 터뜨려봅니다. 의자 위에 올라가서 다른 높이에서 터뜨릴 수도 있습니다. 아이가 직접 비눗방울을 불면서 비눗방울의 움직임을 관찰해보는 것도 좋습니다.

대롱대롱 과자 따먹기

운동회에서 많이 하던 과자 따먹기입니다. 구멍이 있는 링 모양의
과자를 실이나 줄에 끼우고 공중에 매달아 놓으면 아이가 손을 대지 않고
입으로 흔들리는 과자를 따먹는 놀이입니다.

고유수용성감각 ★★★★☆ | 전정감각 ★☆☆☆☆ | 촉각 ★★★★☆ | 시지각 ★★★★★ | 청지각 ★☆☆☆☆

준비물

구멍이 있는 링 과자(양파링, 링 시리얼 등),
실(또는 줄)

사전 준비

큰 쟁반에 과자를 쏟아놓습니다.

+++ 이런 효과를 기대할 수 있어요

한 손은 줄을 잡고 한 손은 과자를 집어 줄에 끼우는 과정을 통해 눈과 손의 협응 및 양측 협응을 향상할 수 있습니다. 또한
과자를 먹기 위해 줄에서 흔들리는 과자를 보며 시각추적(눈 따라보기) 기능이 향상됩니다.

줄에 구멍이 있는 과자를 여러 개 끼웁니다.

 과자 구멍의 크기가 작을수록 실에 끼우기 어려우므로 연령에 따라 난이도를 조절할 수 있습니다.

 과자를 끼운 줄을 아이의 얼굴 높이에 맞추어 양쪽으로 길게 잡거나 매답니다.

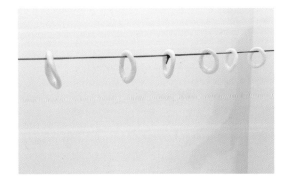

 손을 대지 않고 입으로만 과자를 따먹습니다.

 제한 시간을 두어 몇 개를 먹는지 아이와 함께 세어보면 더욱 흥미롭게 놀이를 할 수 있습니다.
또한 옛날 운동회처럼 형제자매나 친구들과 함께 먼저 따먹기 놀이도 해봅니다.

시지각

미로 찾기

미로 찾기는 대표적인 시지각 활동입니다. 아이의 수준과
흥미에 맞는 다양한 미로 찾기 활동지를 준비해 아이가 스스로
선택해서 그릴 수 있도록 동기 부여를 해줍니다.

고유수용성감각 ★★★☆☆ | 전정감각 ★☆☆☆☆ | 촉각 ★★☆☆☆ | 시지각 ★★★★★ | 청지각 ★☆☆☆☆

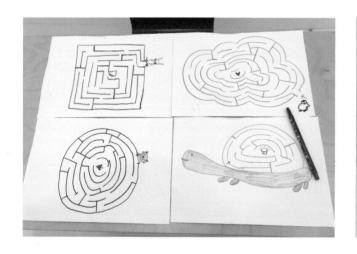

준비물

미로 찾기 활동지, 필기구, 스티커

사전 준비

아이 수준에 맞는 미로찾기 활동지를
준비합니다. 마땅한 활동지가 없다면
보호자와 아이가 함께 만들어봅니다.

+++ 이런 효과를 기대할 수 있어요

미로 찾기는 눈과 손의 협응력을 키우는 데 좋은 활동입니다. 길을 눈으로 따라가며 시각추적(눈 따라보기) 기능을 향상할 수
있으며, 길에서 벗어나지 않도록 선을 긋는 활동은 손의 미세조절력을 키우는 데 좋습니다.

여러 개의 미로 찾기 활동지 중 마음에 드는 것을 고릅니다.

미로의 시작점과 도착점을 알려주며 미로 찾기를 시작합니다.

 미로 찾기를 어려워하더라도 아이가 도움을 요청하기 전에는 혼자 해결할 수 있게 기다려주세요.

미로 찾기 활동을 끝까지 하여 미로 찾기에 성공하면 도착점에 스티커를 붙여 축하해줍니다.

 아이가 실패하더라도 충분히 격려하고 다시 시도하거나 한 단계 쉬운 것을 해봅니다.

 활동지는 단계별로 준비해 아이가 쉽게 성공할 수 있는 단계부터 올라가는 것이 좋습니다.
아이가 실수하더라도 지울 수 있게 연필로 하거나 같은 것을 여러 장 준비해주세요. 미로 위에 스티커를 붙이는 등 추가 활동으로 놀이를 길게 만들면 집중력 향상에 도움을 줄 수 있습니다.

시지각

① ❷ ③

우리집 다른 물건 찾기

집의 거실이나 방의 사진을 준비해 사진을 보고 실제 모습과
달라진 부분이나 물건을 찾는 놀이입니다. 아이는 집 안 구석구석을
탐색하면서 사진과 비교하며 다른 점을 구별해봅니다.

고유수용성감각 ★★★☆☆ | 전정감각 ★★☆☆☆ | 촉각 ★★☆☆☆ | 시지각 ★★★★★ | 천지각 ★☆☆☆☆

준비물
거실(또는 방) 사진, 여러 가지 물건, 필기구

사전 준비
거실이나 방의 전체 사진을 준비합니다.

+++ 이런 효과를 기대할 수 있어요

사진과 실제 공간을 눈으로 비교하며 살펴보는 것은 시지각을 활용하는 좋은 활동입니다. 아이는 사진과 실제 공간을
비교해보며 위/아래/좌/우/앞/뒤의 공간지각력을 키울 수 있으며, 물건의 바뀐 위치를 찾으면서 나와 공간과의 관계에서
신체 도식을 익힐 수 있습니다. 가구나 무거운 물체의 위치를 바꾸어 놓고 제자리에 돌려놓는 활동은 고유수용성감각을
자극합니다. 또한 이 과정에서 무거운 물체를 미는 활동은 각성을 낮추는 데도 도움이 됩니다.

보호자는 미리 원래 있던 가구나 가
전제품의 위치를 바꿔놓거나 물건을
새로 두거나 치워놓습니다.

 아이는 사진에서 달라진 점을 찾아
퓨시합니다.

 달라진 물건의 자리를 사진과 같이
다시 바꿔봅니다.

➕ 아이가 찾기 어려워하면 "하얀색 물건 옆에 뭐가 없어졌네." "거실에서 제일 긴 물건 위에
이상한 것이 있어." "푹신한 물건 밑에 있지." 등 여러 감각을 활용할 수 있도록 적당한 힌트를
줍니다. 아이의 연령이 어릴 경우 확대 사진을 준비하여 난이도를 조절할 수 있습니다.

시지각

스티커 붙이기

종이에 아이와 함께 여러 가지 도형들을 그린 다음,
다양한 크기의 스티커 중에서 각 도형의 안에 들어갈 크기의
스티커를 골라 떼어내 도형에 붙여보는 활동입니다.

고유수용성감각 ★★★☆☆ | 전정감각 ★☆☆☆☆ | 촉각 ★★★☆☆ | 시지각 ★★★★★ | 청지각 ★☆☆☆☆

준비물

스티커, 종이, 사인펜

사전 준비

테이블 앞에 바른 자세로 앉습니다.

+++ 이런 효과를 기대할 수 있어요

스티커를 이용한 시지각 활동입니다. 아이는 스티커를 떼어내는 작업을 통해 손가락의 끝을 사용한 집기와 분리 움직임을 연습할 수 있습니다. 또한 떼어낸 스티커를 도형에 붙이면서 스티커와 도형의 크기를 비교하는 경험과 눈과 손의 협응 활동을 할 수 있습니다.

종이에 여러 가지 크기와 모양의 도형
을 그립니다.

 도형 학습이 아니니 정확한 모양을
그릴 필요는 없습니다.

 스티커를 떼어내어 도형 안에 붙이는
놀이를 합니다.

 이때, 도형의 크기에 알맞은 스티커를
골라 도형 안에 들어가도록 붙입니다.

 아이들은 동그라미→네모→세모 순서로 도형 그리는 것에 익숙해지니, 아이의 수준에 맞는
도형을 그리게 합니다. 또한 스티커를 붙인 도형끼리 연결하는 활동도 해봅니다. 만약 아이가
얇은 사인펜을 쥐기 어려워하면 두꺼운 보드마카나 유아용 크레용을 사용합니다.

시지각

퍼즐 맞추기

퍼즐은 아이들이 좋아하는 장난감이지만 한두 번 맞추고 나면
지루해하기 쉽습니다. 아이가 이제 가지고 놀지 않는 퍼즐 여러 개를 섞어서
새롭게 퍼즐 맞추기를 해봅니다. 아이가 어떠한 방식으로 퍼즐 조각을
분류하고 완성하는지 잘 살펴보고, 그 과정을 칭찬해주세요.

고유수용성감각 ★★★☆☆ | 전정감각 ★☆☆☆☆ | 촉각 ★★★☆☆ | 시지각 ★★★★★ | 청지각 ★☆☆☆☆

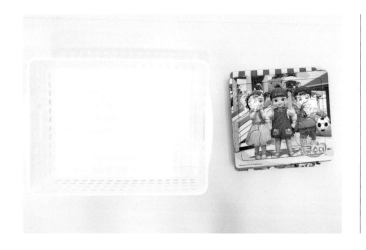

준비물
여러 가지 퍼즐, 큰 플라스틱 통(또는
바구니)

사전 준비
아이 스스로 섞기를 원하는 퍼즐을
골라봅니다.

+++ 이런 효과를 기대할 수 있어요

조각난 그림을 모아 전체 그림으로 맞추는 퍼즐은 아이의 시지각을 향상하는 데 큰 도움이 되는 장난감으로 맞추기 이외에도
다양하게 놀이에 활용할 수 있습니다. 섞어놓은 여러 퍼즐을 맞추는 활동을 통해 아이는 비교, 분류하는 능력을 키울 수
있습니다.

1

여러 개의 퍼즐 조각을 큰 플라스틱 통에 섞어 넣습니다.

 플라스틱 통에 퍼즐 조각과 함께 콩이나 마카로니 등 다양한 장난감을 넣으면 촉각을 자극할 수 있습니다.

2

바닥에 퍼즐 판들을 한꺼번에 깔아놓고 섞어놓은 퍼즐 조각을 꺼내어 퍼즐을 맞춥니다.

3

어떠한 방법과 순서로 퍼즐을 완성했는지 이야기를 나눠봅니다.

 아이의 성향에 따라 어떤 아이는 한 종류의 퍼즐 조각을 하나씩 찾아서 맞추기도 하고, 보이는 대로 여러 개의 퍼즐을 한꺼번에 맞추기도 합니다. 아이가 어떠한 전략을 짜는지 지켜보고, 왜 그런 방법을 썼는지, 다른 방법은 어떤 것이 있는지 등 이야기를 나누고 아이의 방법을 칭찬해주세요.

누가누가 높이 쌓나

종이컵을 성처럼 쌓는 활동입니다. 블록놀이를 하듯 자유롭게
다양한 모양과 방식으로 벽이나 성을 쌓아봅니다. 종이컵으로 만든 성은
가볍고 안전하니 완성한 다음 손이나 발로 힘껏 무너뜨려봅니다.

고유수용성감각 ★★★☆☆ | 전정감각 ★☆☆☆☆ | 촉각 ★★★☆☆ | 시지각 ★★★★★ | 청지각 ★★★☆☆

준비물
종이컵

사전 준비
장애물이 없는 넓은 공간에서 활동합니다.

✚✚✚ 이런 효과를 기대할 수 있어요

종이컵을 쌓는 활동은 아이의 눈과 손의 협응에 도움을 줍니다. 특정 공간 안에서 입체적으로 종이컵을 쌓으면서 공간 내의 위치감각을 익힐 수 있으며 종이컵을 몸의 좌-우로 옮기면서 양측 협응도 같이 향상할 수 있습니다. 또한, 신체 부위를 사용해 종이컵을 와르르 쓰러뜨리는 활동은 시지각과 함께 고유수용성감각, 청지각을 자극하는 활동입니다.

종이컵을 차곡차곡 높게 또는 넓게 성처럼 쌓아 올립니다.

 종이컵은 위-아래를 뒤집어 쌓을 수도 있고 산처럼 뾰족하게 쌓을 수도 있습니다.

 아이가 어려워하면 보호자가 먼저 다양한 방법으로 컵을 쌓는 시범을 보여줍니다.

 쌓은 종이컵 성을 발로 차서 무너뜨 립니다.

 손이나 몸 등 다양한 신체 부위를 이용해 종이컵 성을 무너뜨릴 수 있습니다.

 종이컵 성을 쌓는 중간에 종이컵 안에 작은 장난감이나 간식을 숨겨놓고 종이컵 성을 완성한 후 어디에 숨겼는지 기억하는 놀이도 해봅니다.

① ② ③

뚜껑 짝 맞추기

다양한 크기의 밀폐용기 뚜껑을 찾아 맞추는 활동입니다.
밀폐용기와 뚜껑의 크기를 비교하여 맞는 뚜껑을 찾아서 닫아보고,
다 닫고 나면 용기끼리 크기를 비교해 쌓는 활동도 해봅니다.

고유수용성감각 ★★★★☆ | 전정감각 ★☆☆☆☆ | 촉각 ★★★★☆ | 시지각 ★★★★★ | 청지각 ★☆☆☆☆

준비물
모두 크기가 다른 밀폐용기 여러 개

사전 준비
준비한 용기와 뚜껑을 분리해 놓습니다.

+++ 이런 효과를 기대할 수 있어요

통과 뚜껑의 크기를 보고 짝을 맞추는 활동으로 시각을 통해 사물의 크기를 인지하고 비교할 수 있습니다. 밀폐용기의 뚜껑을 여닫는 과정은 소근육 발달을 향상하는 활동입니다. 또한 잘 안 닫히는 뚜껑을 닫기 위해 손끝으로 누르거나 끼우며 고유수용성감각도 함께 자극할 수 있습니다.

다양한 크기의 용기와 뚜껑을 살펴보
고 뚜껑을 하나 고릅니다.

 고른 뚜껑에 맞는 용기를 찾아 뚜껑
을 닫습니다. 뚜껑이 맞지 않으면 제
자리에 두고 다른 뚜껑을 찾아 닫아
봅니다.

 모든 용기의 뚜껑을 다 닫고 나면, 크
기가 가장 큰 용기가 아래쪽으로 가
도록 크기대로 쌓아봅니다.

 용기의 개수나 크기의 차이로 난이도를 조절할 수 있습니다. 아이가 뚜껑을 열고 닫는 소근육
활동을 어려워하면 시범을 보여줍니다. 시범은 아이가 가지고 있는 것과 똑같은 것으로
보여주는 것이 좋습니다.

시지각

① ❓ ③

종이비행기 접기

종이를 접어 비행기를 만들어 날리는 활동입니다.
종이접기 활동은 선에 맞게 접는 섬세한 소근육 활동과 접기의 순서를
기억하는 활동으로 집중력을 향상할 수 있습니다.

고유수용성감각 ★★★☆☆ | 전정감각 ★☆☆☆☆ | 촉각 ★★☆☆☆ | 시지각 ★★★★★ | 청지각 ★☆☆☆☆

준비물

색종이

사전 준비

아이가 종이접기를 어려워한다면 접기
쉽도록 보호자가 미리 종이에 접는 선을
그어 표시해도 좋습니다.

+++ 이런 효과를 기대할 수 있어요

종이접기 활동은 모양대로 색종이를 따라 접으면서 형태를 인지하고 종이의 끝과 끝을 맞추기 위해 시각적 집중을 해야
합니다. 또한 선에 맞추어 접기 위해서는 눈과 손의 협응, 양손의 협응 능력도 필요합니다. 비행기를 완성하기 위해 순서를
기억하며 접는 활동은 작업기억을 향상하는 데도 도움이 됩니다.

1 보호자가 먼저 종이비행기 접는 시범을 보이며 방법을 알려주면, 한 단계식 따라 접습니다.

 어려워하면 보호자가 옆에서 동시에 함께 접어봅니다.

2 순서에 따라 종이비행기를 접어 완성합니다.

 전체 단계를 어려워한다면 처음에는 마지막 단계나 첫 단계만 접어보게 합니다.

3 완성된 종이비행기를 힘껏 날립니다.

 아이들이 반듯하게 종이를 접지 못할 경우 미리 접는 선을 그어주면 아이가 좀 더 쉽게 종이접기를 할 수 있습니다. 한 번에 완벽하게 접기를 기대하는 것보다는 여러 개의 비행기를 만들며 연습해봅니다. 여러 색과 크기의 색종이를 준비해 다양한 색종이를 접어보고, 익숙해지면 다른 모양의 비행기도 접어봅니다.

① ② ❸

풍선 배드민턴

배드민턴 채를 이용하여 아이와 풍선을 주고받는 놀이입니다.
처음에는 아이가 받기 쉽게 풍선을 아이 앞으로 보내다가
점점 아이의 오른쪽, 왼쪽이나 뒤쪽으로 보내어 아이가 자신의 몸을
기준으로 여러 방향을 익힐 수 있습니다.

고유수용성감각 ★★★★☆ | 전정감각 ★★★★☆ | 촉각 ★★★☆☆ | 시지각 ★★★★★ | 청지각 ★☆☆☆☆

준비물

풍선, 배드민턴 채

사전 준비

장애물이 없는 넓은 공간에서 활동을
진행합니다.
풍선을 너무 물렁하거나 너무 팽팽하지
않은 적당한 크기로 붑니다.

✚✚✚ 이런 효과를 기대할 수 있어요

풍선이 움직이는 것을 눈으로 따라보며 쳐야 하므로 시각과 신체 운동의 협응 능력을 향상할 수 있습니다. 배드민턴 채로
풍선을 치는 세기를 조절하며 천천히 또는 빠르게 움직이는 과정에서 속도와 방향감각을 익힐 수 있으며, 시각과 운동
반응의 속도를 높이는 데도 도움이 됩니다.

1 풍선을 아이 머리 위로 띄웁니다.

2 풍선이 땅에 떨어지기 전에 손바닥으로 쳐서 올립니다.

 아이의 시야 안에서 방향을 바꾸거나 거리를 조절해주세요.

3 손으로 치는 것에 익숙해지면 배드민턴 채로 풍선을 쳐보고, 보호자나 친구와 배트민턴 경기를 합니다.

 풍선 크기를 통해 난이도를 조절할 수 있습니다. 또한 어린이용 야구방망이나 길게 만 신문지 막대기와 같이 좁고 긴 도구를 사용하면 난도를 높일 수 있습니다.

① ② ③

어디어디 숨었나?

퍼즐 조각을 집 안 곳곳에 숨긴 다음 조각을 찾아내어 퍼즐을
완성하는 활동입니다. 시간 정하기, 여러 개의 퍼즐을 섞기,
다른 사람과 함께 활동하기 등 여러 가지 방법으로 놀 수 있습니다.

고유수용성감각 ★★★☆☆ | 전정감각 ★★★☆☆ | 촉각 ★★☆☆☆ | 시지각 ★★★★★ | 청지각 ★☆☆☆☆

준비물
퍼즐(10조각 정도 크기)

사전 준비
아이에게 맞추고 싶은 퍼즐을 고르도록
합니다.

+++ 이런 효과를 기대할 수 있어요

시간을 정해서 하는 활동은 아이에게 동기를 부여합니다. 숨겨놓은 작은 퍼즐 조각을 찾는 것은 다양한 시각적 정보들
속에서 원하는 퍼즐을 찾아내는 활동입니다. 아이와 함께 퍼즐을 찾은 장소에 대해 이야기하는 것은 아이의 성공을 강화할
수 있고 아이가 눈으로 본 장소를 기억하고 말로 표현해볼 수 있는 좋은 활동입니다.

1 보호자가 집 안 곳곳에 퍼즐 조각을 숨깁니다.

 아이가 찾는 것이 목적이니 너무 찾기 어렵지 않게 숨깁니다.

2 아이는 집 구석구석을 살펴보며 퍼즐 조각을 찾습니다

3 찾은 퍼즐 조각으로 퍼즐을 맞춰 완성하고, 어디에서 찾았는지 이야기해 봅니다.

 퍼즐 뒤에 퍼즐 조각의 개수를 써서 표시해두면 아이가 남은 퍼즐의 수를 계산할 수 있습니다. 또한, 퍼즐 판을 방 한가운데 두어 도착점을 정해놓으면 산만하거나 마무리가 잘 안 되는 아이에게 도움이 됩니다. 퍼즐 외에 다양한 물건을 숨겨두고 찾는 보물찾기놀이도 해봅니다.

① ② ③

주차장놀이

바닥에 마스킹테이프로 주차장을 만들고 장난감 차를
주차하는 놀이입니다. 입구와 출구를 정해서 차를 순서대로
부딪히지 않게 주차해보세요.

고유수용성감각 ★★★☆☆ | 전정감각 ★☆☆☆☆ | 촉각 ★★★☆☆ | 시지각 ★★★★★ | 청지각 ★☆☆☆☆

준비물

크기가 다른 장난감 자동차 여러 개,
마스킹테이프, 가위

사전 준비

바닥에 주차장을 어떤 모양으로 만들지
아이와 함께 생각해보고, 보호자가 먼저
큰 테두리를 잡아줍니다.

+++ 이런 효과를 기대할 수 있어요

주차장의 빈자리를 찾고 차의 크기와 주차 공간이 맞는지 비교해보는 활동은 시지각을 자극하며 공간지각 능력을 향상합니다. 마스킹테이프를 뜯고 붙이는 준비 과정에서 고유수용성감각도 자극되며, 양측 협응 능력도 발달하는 놀이입니다.

1 마스킹테이프를 바닥에 붙여 주차장, 입구와 출구 화살표를 만듭니다.

 주차장 칸의 크기를 다르게 만들면 다양하게 활용할 수 있습니다.

2 장난감 자동차가 입구를 지나 들어와서 주차합니다. 주차할 때는 들어온 순서대로, 주차장 크기에 맞게 등 여러 가지 방법으로 주차합니다.

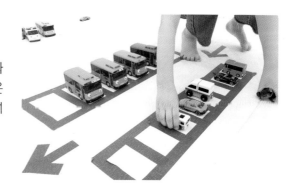

3 주차장이 어느 정도 채워지면 이번에는 출구로 나가는 놀이를 합니다.

 주차장과 연결하여 도로를 만들고 신호등을 표시하여 자동차놀이를 해보세요.
세차장, 소방서 등 구체적인 상황을 설정하여 역할놀이와 상징놀이로 확장할 수 있습니다.

시지각

① ② **③**

같은 글자 찾기

동화책에서 정해진 글자나 숫자를 찾는 활동입니다.
수많은 글자 중에서 특정 글자를 골라내는 과정을 통해
시지각이 발달하며 글씨 읽는 연습을 할 수 있습니다.

고유수용성감각 ★★★☆☆ | 전정감각 ★☆☆☆☆ | 속각 ★★★☆☆ | 시지각 ★★★★★ | 청지각 ★☆☆☆☆

준비물

동화책, 필기구

사전 준비

책상에 동화책을 두고 바른 자세로
앉습니다.

+++ 이런 효과를 기대할 수 있어요

이 활동은 전경-배경 구분 활동으로, 수많은 글자 중에서 특정 글자를 찾아내는 놀이입니다. 왼쪽 위부터 시작하여
오른쪽으로 찾아보면서 글씨를 읽는 연습도 할 수 있습니다. 활동을 어려워하면 자나 손을 사용해 한 문장씩 따라가며
찾아보는 것도 도움이 됩니다.

동화책에서 찾을 글자를 정합니다.

 글자를 모르는 아이의 경우 모양이나 숫자를 정해 찾게 합니다.

천천히 책을 살펴보며 정해놓은 글자를 찾습니다.

찾은 글자에 동그라미를 그려 표시합니다.

 찾은 글자에 아이가 펜을 사용하여 크고 작은 도형을 그릴 수 있게 합니다.

 다른 종이에 찾은 글자를 활용해서 도형을 그리거나 그림을 그려봅니다. 통글자를 그대로 활용해도 좋고 '아'를 'ㅇ'과 'ㅏ'로 나누는 것처럼 낱자로 쪼개어 활동해도 좋습니다.

시지각

냉장고 만들기

흰 종이에 냉장고를 그리고 마트 전단지에 있는 음식 사진들을
오리고 붙여 냉장고를 완성하는 활동입니다. 활동을 하면서 아이가
좋아하는 음식과 싫어하는 음식에 대해서 이야기해봅니다.

고유수용성감각 ★★★☆☆ │ 전정감각 ★☆☆☆☆ │ 촉각 ★★★☆☆ │ 시지각 ★★★★★ │ 청지각 ★☆☆☆☆

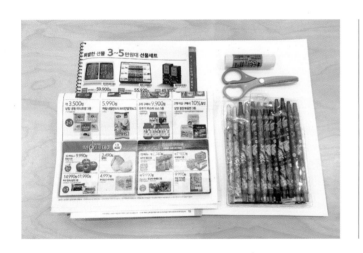

준비물

마트 전단지, 가위, 풀, 색연필,
흰 종이(스케치북)

사전 준비

책상 위에 준비물을 두고 아이와 마주 보고
앉습니다.

+++ 이런 효과를 기대할 수 있어요

가위질은 손과 눈의 협응력을 키우는 대표적인 활동으로, 전단지 물건의 모양에 따라 가위질을 하는 활동을 통해 소근육이
발달합니다. 또한 냉장고에 넣을 물건(음식)과 넣지 않는 물건을 나누며 구분하고 분류하는 경험을 할 수 있으며 냉장고에
물건을 붙이면서 공간을 구성하는 능력을 키웁니다.

흰 종이에 냉장고 모양을 그립니다.

 여러 가지 물건을 붙일 수 있도록
최대한 크게 그립니다.

마트 전단지에서 냉장고에 넣을 물건
이나 음식들을 골라 오립니다.

냉장고에 음식을 붙입니다.

 다른 종이로 냉장고 문을 만들어 붙여서 열고 닫을 수 있게 만들어봅니다.

전단지에서 사진을 고르며 아이가 좋아하는 음식, 싫어하는 음식에 대해 이야기를 나누고

어디에 넣을 수 있는 물건인지 이야기를 나눕니다.

① ② ③

지그재그 골프

지그재그, 직선 등 다양한 모양의 길을 따라 무거운 공을
야구방망이로 치면서 이동해 골대에 넣는 놀이입니다. 아이 혼자서
여러 길을 번갈아 갈 수도 있고, 여러 아이가 함께 놀 수도 있습니다.

고유수용성감각 ★★★☆☆ | 전정감각 ★★★☆☆ | 촉각 ★★☆☆☆ | 시지각 ★★★★★ | 청지각 ★☆☆☆☆

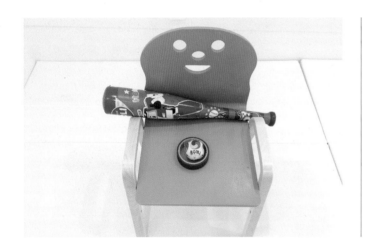

준비물

무거운 공(또는 콩주머니), 어린이용
야구방망이, 마스킹테이프, 의자

사전 준비

한쪽에 골대 역할을 할 수 있도록
의자를 놓습니다. 아이와 함께 바닥에
마스킹테이프로 직선이나 지그재그 선 등
다양한 형태의 길을 붙입니다.

+++ 이런 효과를 기대할 수 있어요

길에서 벗어나지 않게 지속해서 길의 모양을 따라가며 보아야 하므로 시각추적(눈으로 따라보기) 기능과 시각적 집중력을
향상하는 수 있습니다. 또한 길에서 벗어나지 않게 공을 이동시켜야 하므로 공을 치는 힘의 세기 및 방향을 조절하기 위한
고유수용성감각도 자극됩니다.

야구방망이로 공을 쳐서 직선을 따라 천천히 이동합니다.

 선을 따라 공을 이동하는 것을 어려워하면 짧은 거리부터 시작하여 자신감을 키워줍니다.

직선의 끝에 다다르면, 골대를 향해 공을 쳐서 넣습니다

 공이 줄에서 벗어나면 '띠링띠링' 하는 효과음을 내며 즐거운 분위기를 만듭니다.

다음에는 지그재그 선을 따라 공을 이동시켜 골대에 넣습니다.

 익숙해지면 어느 쪽 골대에 몇 번 넣을 것인지 등 목표를 정하고 놀이합니다. 목표를 정해두면 더욱 신나게 활동할 수 있습니다.

시지각

우리 집 내비게이션

커다란 종이에 유치원(어린이집)과 집을 그린 후 근처에 있는
가게들을 중심으로 길을 그려 아이가 자주 다니는 동네 지도를 만듭니다.
그 길 위에서 자동차로 집과 유치원을 오가는 활동을 합니다.

고유수용성감각 ★★★☆☆ │ 전정감각 ★★☆☆☆ │ 촉각 ★★★☆☆ │ 시지각 ★★★★★ │ 청지각 ★☆☆☆☆

준비물

큰 종이(2절지 이상), 색연필, 자동차
장난감

사전 준비

큰 종이 위에 유치원(어린이집)부터 집에
오는 큰길을 미리 그려놓고 아이가 기억할
만한 다른 건물 모형을 작게 따로 만들어
아이가 직접 채울 수 있도록 준비합니다.

+++ 이런 효과를 기대할 수 있어요

아이가 평소 가던 길을 기억하고 어디에 위치하는지 생각해보는 과정을 통해 지남력(시간과 장소, 상황이나 환경 따위를
올바로 인식하는 능력)을 키울 수 있습니다. 또한 지나쳤던 가게들을 찾아가면서 위치감각과 방향감각을 발달시킬 수
있습니다.

유치원에 가는 길에 어떤 가게와 건물이 있는지 기억해서 지도의 빈 곳에 건물 모형을 붙입니다.

자동차를 가지고 집에서 출발해서 유치원(어린이집)을 찾아갑니다.

⭐ 가장 빠른 길도 찾아보고, 조금 돌아오는 다른 길도 따라가봅니다.

유치원에서 다른 가게에 들린 후 집으로 와봅니다.

 샛길을 만들거나 다양한 길을 만들어서 여러 가지 길을 거쳐 집으로 와봅니다.

미로 찾기처럼 길을 복잡하게 만들거나 여러 가지 다른 경로를 찾아봅니다.

시지각

쌍둥이 블록 만들기

조립한 레고나 블록 모형을 보고 똑같이 모방해서 만드는 활동입니다.
아이와 순서와 역할을 바꿔서 만들면 자신을 따라 하는 보호자의 모습을 보고
아이 스스로 다양한 블록의 모습을 고안하고 활동을 주도할 수 있습니다.

고유수용성감각 ★★★★☆ | 진정감각 ★☆☆☆☆ | 촉각 ★★★☆☆ | 시지각 ★★★★★ | 청지각 ★☆☆☆☆

준비물

와플 블록(또는 끼울 수 있는 블록)

사전 준비

아이가 따라 할 수 있는 다양한 블록 조립
모형을 미리 만들어둡니다.

+++ 이런 효과를 기대할 수 있어요

아이가 블록을 보고 따라 만드는 활동은 아이의 시지각과 공간지각 능력을 키워주며, 블록을 빼고 꽂으며 조립하는 활동은
손의 조작 능력과 양손의 협응력을 향상합니다. 또한, 아이가 보호자와 역할을 바꾸어 활동하는 것은 아이의 주도성을
키우고 아이가 창의적인 활동을 할 수 있게 합니다.

미리 만들어놓은 블록 모형을 보여줍니다.

 준비한 블록을 보고 같은 모양을 만듭니다.

⭐ 아이가 따라 만들기를 어려워하면 보호자가 만드는 과정을 차례대로 보여줍니다.

③ 역할을 바꿔서 아이가 만든 모형을 보호자가 따라 만들어봅니다.

 형제자매나 친구들과 함께할 수 있는 활동입니다. 여럿이 서로 역할을 바꿔서 만들어봅니다. 아이들에게 각각 똑같은 블록을 주고 각자 만든 결과물을 비교하며 어디가 다른지 이야기를 나누는 활동도 해봅니다.

①②③

양말 짝꿍 찾기

크기와 색깔이 다른 양말의 짝을 찾아 정리하는 놀이입니다.
집안일놀이는 평소 부모를 관찰해왔던 아이들에게 좋은 놀이입니다.
양말을 찾고, 겹치고, 말아 넣는 순서가 있는 활동을 하면서
아이들은 활동의 순서를 기억하고 완성할 수 있습니다.

고유수용성감각 ★★★★☆ | 전정감각 ★★☆☆☆ | 촉각 ★★★☆☆ | 시지각 ★★★★★ | 청지각 ★☆☆☆☆

준비물

양말 10켤레

사전 준비

크기와 색깔이 다른 양말 여러 켤레의 짝을
섞어 바닥에 겹치지 않게 펼쳐놓습니다.
비슷한 양말보다는 다양한 크기와 색의
양말이 활동하기 좋습니다.

+++ 이런 효과를 기대할 수 있어요

양말의 크기와 색깔을 구별하여 짝을 찾는 활동을 통해 시지각 훈련을 할 수 있습니다. 또한 양말을 겹쳐 동그랗게 마는
활동을 통해 눈과 양손의 협응력을 기르고, 순서에 맞게 활동하는 능력을 기를 수 있습니다.

바닥에 펼쳐진 양말 중에서 맞는 짝을 찾습니다.

 찾은 양말을 짝을 맞춰 한곳에 겹쳐 놓습니다.

 짝지은 양말을 동그랗게 말아 정리합니다.

 양말을 색깔별로 분류하거나 크기 순서대로 줄을 세우는 활동을 해볼 수 있습니다. 또한 제한 시간을 주고 시간 내에 짝 찾기 놀이를 해봅니다.

시지각

종이컵 보물찾기

종이컵에 장난감을 숨겨놓고 이리저리 움직인 후 장난감을
찾아내는 놀이입니다. 종이컵이 이리저리 섞일 때 어느 컵에 있는지
집중하여 잘 따라가며 보아야 합니다.

고유수용성감각 ★★★☆☆ │ 전정감각 ★★☆☆☆ │ 촉각 ★★★☆☆ │ 시지각 ★★★★★ │ 청지각 ★☆☆☆☆

준비물

종이컵 2개, 작은 장난감(또는 간식)

사전 준비

종이컵 2개를 거꾸로 엎어놓고 두 종이컵
중 하나에 장난감을 숨겨놓습니다.

+++ 이런 효과를 기대할 수 있어요

장난감이 숨어있는 종이컵이 어디로 이동하는지 지속해서 눈으로 따라가며 보아야 하므로 시각적 주의집중과 시각추적
(눈으로 따라보기) 기능을 향상할 수 있습니다. 또한 아이가 직접 팔을 교차하여 컵을 이리저리 움직여보는 과정에서 신체의
양측 협응도 발달합니다.

먼저 어느 컵에 장난감을 숨겼는지 확인한 후, 종이컵 두 개를 이리저리 움직입니다.

어느 컵에 장난감이 숨어있는지 찾습니다.

역할을 바꾸어 아이가 종이컵을 이리저리 움직이고 보호자가 장난감이 든 컵을 찾아봅니다.

아이가 잘하면 종이컵을 움직이는 속도를 빠르게 하거나, 종이컵 개수를 늘려서 난도를 조절합니다. 종이컵이 없다면 양손으로 간식을 빠르게 이동시키며 어느 손에 숨겼는지 찾아보는 놀이도 할 수 있습니다.

청지각이란?

우리가 청각이라고 말하는 것은 보통 청력이며 이는 소리를 받아들이는 능력입니다. 청력은 시력처럼 태어날 때부터 가지고 능력으로, 청력이 괜찮다고 해서 듣는 소리를 잘 이해하는 것은 아닙니다. 이 책에서의 청지각은 귀를 통해 들은 청각 정보를 주변의 환경과 지속해서 상호작용함으로써 우리가 듣는 것이 무엇인지 해석하는 감각을 말합니다.

 ## 청지각의 기능

청력에 의해서 들은 정보는 청지각 기술을 통해 인식하게 됩니다. 청지각을 통해 우리는 소리에 대한 지각 능력을 키울 수 있습니다. 예를 들어 갑자기 들리는 소리가 사이렌 소리인지 공사 소리인지, 혹은 멀리서 들리는 소리인지 가까이서 들리는 소리인지 알 수 있습니다. 우리가 듣는 많은 소리 중에서 들어야만 하는 선생님이나 부모님의 소리를 듣기 위해서는 듣고자 하는 특정 소리를 구분해 내는 청각 기술이 필요합니다. 이처럼 청지각은 학습 및 타인과의 관계에서 중요한 영향을 주는데 특히 주의집중과 큰 연관이 있는 것으로 확인되고 있습니다. 청지각 처리가 잘되지 않는 아이는 선생님의 말씀에 집중하기 어려울 수 있습니다. 운동장에서 들려오는 소리, 뒤에서 떠드는 친구들 소리로 인해 실제 수업을 집중해서 듣기가 어려우며 당연히 내용을 이해하기도 어렵습니다. 또한 친구들과 이야기를 할 때도 이야기의 한 부분만 듣거나 친구들이 웃어도 왜 웃는지 몰라 대화에 어울리기 어려울 수 있습니다.

청지각은 우리가 일상생활에서 개인이 예측하거나 조절하기 어려운 감각입니다. 보기 싫은 것이나 만지기 싫은 것은 멀리서 보고 피할 수 있지만 갑자기 나는 소리는 보통 듣고 나서 피하게 됩니다. 이러한 이유로 청각이 예민한 아이들은 일상생활에 문제가 생기기도 합니다. 실제로 이러한 문제로 많은 아이가 유치원(어린이집)이나 학교 적응에 어려움을 겪습니다. 일차적으로 아이들은 듣기 싫은 소리 때문에 피곤하고 예민하며 그룹 활동에서도 그 활동이나 친구들이 어떠한 소리를 낼지 몰라서 긴장하고 피하게 됩니다. 장소를 바꾸거나 외출을 할 때도 마찬가지입니다. 이러한 아이들에게는 대안적 방법(전략)들을 알려주는 것이 도움이 됩니다.

청지각놀이가 필요한 아이

청지각 활동을 통해 아이는 다양한 소리를 스스로 내보고 소리의 세기를 조절하면서 여러 가지 소리에 익숙해집니다. 이렇게 스스로 소리를 내보며 조절하는 활동은 청지각 자극에 대한 아이의 해결력을 높일 수 있습니다. 다양한 소리에 반응하게 하는 청지각 활동을 통해 소리를 집중해서 듣고 반응하게 되는 것입니다.

❶ 소리에 너무 예민해요 → 88쪽, 158쪽, 186쪽, 196쪽 놀이가 도움이 돼요.

☐ 갑자기 나는 소리에 화들짝 놀랍니다.

☐ 공사장 소리나 자동차 경적에 예민합니다.

☐ 지하 주차장이나 극장처럼 소리가 울리는 곳에 가는 것을 싫어합니다.

☐ 시끄러운 곳에 가면 쉽게 피곤해합니다.

➜ 새로운 경험을 하기 전 미리 정보를 알려주세요

새로운 장소, 새로운 활동을 하기 전에 사전 정보를 줍니다. 비슷한 놀이를 설명해주고 몇 명의 아이가 오는지, 아는 친구가 있다면 이름을 알려줍니다. 악기를 사용하거나 시끄러운 소리가 나는 활동이라면 아이가 선택할 수 있게 해주고 언제든 그만두고 나올 수 있다고 알려주세요. 또 공사장같이 소리가 많이 나는 곳을 지나야 한다면 미리 공사장이 있다고 알려줍니다.

➜ 문제가 생기면 즉시 해결할 수 있도록 도와주세요

시끄러운 곳에서는 헤드폰을 쓰게 해줍니다. 이때 헤드폰이 이왕이면 크고 한 번에 쓸 수 있는 것이 좋습니다. 아이가 실제로 헤드폰을 사용하기도 하지만 헤드폰의 존재 자체가 아이에게 정서적 안정감을 줄 수 있습니다. 그리고 시끄러운 장소에 가게 된다면 출구의 위치를 알려주고 아이가 나가자고 표현하면 즉시 나가는 것이 좋습니다. 이로써 아이는 주도적으로 상황을 해결했다고 느끼며 보호자가 자신을 주시하고 있다는 것을 알 수 있습니다. 이러한 과정을 반복하면서 아이는 청지각 자극을 자신이 해결할 수 있다는 자신감을 가지고 긴장을 완화할 수 있습니다.

❷ 소리에 집중하지 못해요 → 190쪽, 192쪽, 194쪽, 198쪽, 200쪽 놀이가 도움이 돼요.

☐ 큰 소리로 말하거나 몇 번씩 불러야 반응합니다.

☐ 시끄러운 곳에서는 말을 잘 듣지 못하는 것 같습니다.

☐ 소리가 난 방향을 알아차리는 것이 어렵습니다.

☐ 보면서 듣는 것을 어려워합니다.

☐ 목소리 크기 조절을 잘하지 못하고 소리 지르듯 말합니다.

☐ 여럿이 동시에 말하는 경우 당황하거나 산만해집니다.

➜ 편한 자세로 듣도록 도와주세요

잘 듣지 못했거나 집중해서 들을 때는 더욱 잘 듣기 위해 눈동자를 위로 올리거나 머리를 옆으로 기울이는 행동을 하며 들으려 할 수 있습니다. 바른 자세로 들으라고 강요하지 말고, 아이가 편안해하는 자세에서 들을 수 있도록 도와주세요.

➜ 목소리의 높낮이를 다양하게 해서 말해주세요

너무 낮은 톤이나 일정한 톤은 아이가 알아듣기 더욱 어렵습니다. 따라서 강조해야 할 말은 약간 높은 톤으로 크게, 그렇지 않은 말은 약간 더 낮은 톤으로, 말의 높낮이를 구분하여 아이와 대화합니다.

➜ 짧고 명확하게 말해주세요

긴 문장으로 이야기하면 한 번에 이해하기 어려우므로 최대한 짧고 간결한 문장으로 말합니다. 형용사, 꾸밈말은 되도록 생략하고 '주어+목적어+동사'의 형태로 말하는 것이 좋습니다. 또한 평소 대화보다 천천히, 또박또박 반복하여 말합니다.

① ② ③

퉁탕퉁탕 악기놀이

여러 가지 그릇과 주방 도구를 활용해 악기놀이를 합니다.
다양한 소리가 나는 물건들을 직접 두드려
소리를 내보고 소리를 구별해봅니다.

고유수용성감각 ★★★★☆ | 전정감각 ★☆☆☆☆ | 촉각 ★★★☆☆ | 시지각 ★★☆☆☆ | 청지각 ★★★★★

준비물
여러 가지 그릇, 믹싱볼, 프라이팬이나
냄비, 젓가락, 숟가락, 국자 등

사전 준비
여러 가지 그릇과 주방 도구들을 책상 위에
늘어놓습니다. 아이가 신나게 두드리고 놀
수 있도록 깨지거나 망가지지 않는 것으로
준비합니다.

+++ 이런 효과를 기대할 수 있어요

여러 가지 도구를 사용해 스스로 소리를 만들어보는 활동입니다. 한 가지 그릇을 다양한 도구로 두드려보거나, 반대로 한
가지 도구로 여러 가지 그릇을 두드려보는 활동을 통해 각 소리의 차이점을 느낄 수 있습니다. 이처럼 도구를 쥐고 두드리는
것은 고유수용성감각을 자극하는 활동으로 눈과 손의 협응력을 길러줍니다.

악기가 될 그릇과 주방 도구를 준비
합니다.

 여러 주방 도구를 사용해서 그릇을
신나게 두드립니다.

★ 그릇을 바로 놓고 두드려보고
뒤집어서 두드려보는 등 여러
방법으로 두드려봅니다.

3 주방 도구를 바꿔 그릇을 두드려보
고, 그릇을 바꿔서도 두드려봅니다.

 그릇 안에 작은 장난감이나 가벼운 폼폼을 넣고 두드리면 두드리는 동작에 따라 장난들이
움직여 아이의 흥미를 높입니다.

1 2 3

어떤 소리일까?

낱말 카드를 보고 낱말에 맞는 소리를 만들어내거나
보호자가 그 카드에 맞는 소리를 만들어내면
아이가 어떤 소리인지 맞혀보는 활동입니다.

고유수용성감각 ★★☆☆☆ | 선정감각 ★★☆☆☆ | 촉각 ★★☆☆☆ | 시지각 ★★★★☆ | 청지각 ★★★★★

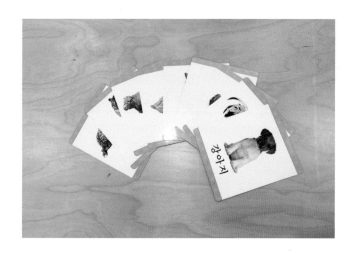

준비물

소리와 연관된 낱말 카드

사전 준비

낱말 카드를 준비하고 아이와 마주 보고
앉습니다.

✚✚✚ 이런 효과를 기대할 수 있어요

소리를 만들거나 다른 사람이 내는 소리를 듣고 어떤 소리인지 알아내는 것은 대표적인 청지각 활동입니다. 보호자가 내는
소리를 집중해서 듣는 활동은 청각적 주의집중 능력을 키울 수 있습니다. 또한 물체나 상황을 소리와 연결해보면서 무서웠던
소리, 기분이 좋았던 소리 등을 함께 이야기해보는 것도 좋습니다.

1 낱말 카드 중 하나를 고릅니다.

 글자를 모르는 어린아이는 그림 카드를 사용합니다.

2 카드에 쓰인 이름을 말하고 소리도 흉내 내 봅니다.

"오리! 꽥꽥!"

"누굴까? 어떤 소리를 낼까?"

3 아이에게 두 개의 카드를 고르게 한 다음 보호자가 둘 중 하나에 맞는 소리를 내고 어느 카드인지 고르게 합니다.

 한 사람이 카드를 보고 소리를 내면 다른 사람은 몸동작으로 맞추는 놀이도 해봅니다.
카드 없이 여러 가지 동물 소리, 밥솥 소리, 자동차 소리 등 아이가 주변에서 쉽게 들을 수 있는 소리를 내고 맞히는 놀이도 해봅니다.

어디서 소리가 나지?

눈을 가린 아이가 보호자가 내는 소리를 듣고 어디 있는지 찾아내는
놀이입니다. 보호자는 장소를 바꿔가면서 아이에게 소리 자극을 주고 아이가
찾을 수 있게 합니다. 보호자를 찾아낸 아이를 칭찬과 함께 꼭 안아주세요.

고유수용성감각 ★★★★☆ | 전정감각 ★★★★☆ | 촉각 ★★★★☆ | 시지각 ★☆☆☆☆ | 청지각 ★★★★★

준비물

안대(또는 수건)

사전 준비

장애물이 없는 넓은 공간에서 활동합니다.
다치지 않도록 미리 주변을 정리하고
아이의 눈을 가립니다.
소파나 큰 인형, 쿠션 등과 같은 부드러운
장애물은 활동을 재미있게 할 수 있으니
남겨도 좋습니다.

+++ 이런 효과를 기대할 수 있어요

아이는 시각 정보를 차단한 상태에서 청각 정보에 집중해 소리 나는 쪽으로 몸을 움직이는 경험을 하게 됩니다. 이를 통해
청각적 주의집중 능력을 향상할 수 있습니다. 또한 고유수용성감각과 촉각에 집중해서 주변 가구나 사물을 손으로 만져보며
주변 환경을 탐색할 수 있습니다.

보호자가 손뼉을 치며 눈을 가린 아이 주변에서 이리저리 움직입니다.

 손뼉 외에도 작은 도구나 악기 등을 이용해 소리를 내도 좋습니다.

박수 소리가 나는 쪽으로 움직여 보호자를 잡습니다.

 아이가 잡기 쉽도록 박수 소리와 움직임을 조절해주세요.

아이가 보호자를 잡으면 칭찬을 하며 꽉 안아줍니다.

 아이가 눈을 가리는 것을 무서워한다면 보호자가 먼저 눈을 가리고 아이에게 손뼉을 치며 피하는 역할부터 하도록 합니다. 익숙해지면 형제자매나 친구 등 여러 사람과 함께 번갈아 활동합니다.

청지각

즐겁게 춤을 추다가 그대로 멈춰라

책을 둥글게 배치하고 그 위를 밟으며 의자 주위를 빙글빙글 돌다가
노래가 끝나면 그대로 멈추는 활동입니다. 책에서 떨어지거나
움직이지 않고 동작을 멈춰야 합니다.

고유수용성감각 ★★★☆☆ | 전정감각 ★★★★☆ | 촉각 ★★☆☆☆ | 시지각 ★★★★☆ | 청지각 ★★★★★

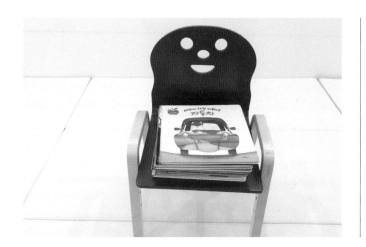

준비물

책 10권 이상, 의자

사전 준비

장애물이 없는 넓은 공간에서 활동합니다.
다치지 않도록 미리 주변을 정리하고
의자를 가운데 놓습니다.

+++ 이런 효과를 기대할 수 있어요

청지각 정보를 듣고 몸의 움직임을 시작하고 멈추는 반응속도를 높이는 활동입니다. 아이는 갑작스러운 움직임의 변화를
위해 몸의 자세와 움직임을 조절해보는 경험을 할 수 있습니다. 또한 책 위를 징검다리 건너듯 천천히 또는 빠르게 걸어
다니면서 고유수용성감각을 자극할 수 있습니다.

의자를 중심으로 바닥에 책을 둥그렇
게 띄엄띄엄 펼쳐놓습니다.

 책이 미끄러울 수 있으므로
양면테이프 등으로 고정합니다.

아이가 좋아하는 신나는 노래나 '즐
겁게 춤을 추다가' 노래를 빠르게 또
는 천천히 부르고, 노래의 속도에 맞
춰 책 위를 빠르게 또는 천천히 걷습
니다.

노래가 멈추면 움직임을 멈추고 의자
에 빠르게 앉고, 다시 노래를 부르면
움직이기를 반복합니다.

 책 사이의 간격을 넓히거나 불규칙하게 해서 걸어보거나 두 칸씩 건너가며 놀이해봅니다.

청지각

① ❷ ③

둥근 해가 떴습니다

시계 알람을 듣고 일어나는 놀이입니다.
시계나 휴대전화의 타이머를 맞춰놓고 불을 끄고 누운 뒤
알람 소리가 나면 "아침이다!"를 외치며 벌떡 일어납니다.

고유수용성감각 ★★★☆☆ | 전정감각 ★★★☆☆ | 촉각 ★★☆☆☆ | 시지각 ★★☆☆☆ | 청지각 ★★★★★

준비물

알람 시계(또는 타이머, 휴대전화), 이불,
인형

사전 준비

이불과 인형 등으로 평소 아이가 자거나
낮잠 자는 환경을 만듭니다. 아이에게 '둥근
해가 떴습니다' 놀이를 하자고 이야기하고,
불을 켜러 갈 때는 다른 사람 잠이 깨지
않게 살금살금 가기로 약속하는 등 미리
규칙을 정해놓습니다.

+++ 이런 효과를 기대할 수 있어요

아이는 시계 소리를 듣고 몸을 빨리 움직여야 하므로 소리를 집중해서 듣고 소리에 대한 반응속도를 높일 수 있습니다.
이불에서 탈출하는 놀이를 함께하면 고유수용성감각의 자극을 높일 수 있습니다.

알람 시계 타이머를 설정하고 이불 속에 눕습니다.

 알람 시간은 처음에는 1~3분 정도가 적절하고 진행하면서 차츰 시간을 늘립니다.

알람이 울리면 벌떡 일어나 "아침이다!"를 외치며 알람 시계를 끕니다

일어나서 전등을 켭니다.

 저녁에 활동할 경우 전등 스위치에 야광 스티커를 붙이면 찾기 쉽습니다.

 무거운 이불속으로 들어가거나 이불을 칭칭 감고 누워서 알람이 울리면 탈출하는 놀이도 해봅니다.

① ② ③

청지각

빈 병 연주하기

빈 병 안에 여러 가지 물건을 넣고 병을 흔들어서
다양한 소리를 내는 활동입니다. 다양한 물건이 빈 병과
부딪히며 내는 소리를 들으며 청지각을 발달시킬 수 있습니다.

고유수용성감각 ★★★☆☆ | 전정감각 ★★☆☆☆ | 촉각 ★★★☆☆ | 시지각 ★★★☆☆ | 청지각 ★★★★★

준비물

여러 가지 크기의 빈 병, 병 안에 넣을 수
있는 작은 곡물이나 장난감(편백, 곡물,
마카로니 등), 큰 통

사전 준비

아이가 손으로 잡고 흔들 수 있는 빈 병을
깨끗이 씻어 준비합니다.
느낌과 단단하기가 다른 물건을 여러 종류
준비해 다른 소리를 만들어봅니다.

+++ 이런 효과를 기대할 수 있어요

아이가 빈 병에 여러 가지 물건을 넣어서 스스로 다양한 소리를 만들고 소리를 비교해보는 청지각 활동입니다. 병에 작은
물건을 집어넣으면서 촉각과 시지각 활동을 할 수 있으며, 병을 잡고 흔들면서 병 모양에 맞는 손 잡기 및 힘 조절 연습을 할
수 있습니다.

빈 병의 뚜껑을 열고 준비한 물건 중
한 가지를 골라 병 안에 넣습니다.

 병에 물건을 넣는 것이 힘들면
깔때기를 이용해 한 번에
넣습니다.

 여러 개의 병에 각각 다른 재료를 넣
은 다음 흔들어 소리를 내보고, 소리
가 어떻게 다른지 이야기를 나눕니다.

 음악을 틀어놓고 연주 놀이를
해봅니다.

 병의 뚜껑을 열고 큰 통에 내용물을
부어 섞고 흔들어서 새로운 소리를
내봅니다.

 한쪽에 상자나 의자를 골대처럼 세워놓고 물건이 들어있는 병을 굴려 넣는 놀이를 해봅니다.
병이 굴러가면서 내는 다양한 소리를 들을 수 있습니다.
또한, 큰 통에 부은 물건에 물을 부어 만지고 놀면서 촉각놀이를 할 수 있습니다.

청지각

노래 제목 맞히기

아이가 좋아하는 동요를 동시에 들려주고
노래 제목을 맞히고 불러보는 활동입니다. 아이가 율동을
알고 있는 노래라면 율동과 함께 노래를 부르게 합니다.

고유수용성감각 ★★☆☆ | 전정감각 ★★☆☆ | 촉각 ★☆☆☆☆ | 시지각 ★☆☆☆☆ | 청지각 ★★★★★

준비물

노래를 들을 수 있는 휴대전화(또는
CD플레이어) 2개

사전 준비

소리에 방해를 받지 않는 조용하고 넓은
공간에서 활동하면 좋습니다.
아이가 좋아하는 동요 목록을 준비합니다.

+++ 이런 효과를 기대할 수 있어요

노래를 부르고 듣는 활동은 청지각을 자극하는 대표적인 활동입니다. 이 활동은 아이의 청각적 집중력과 함께 청각적 기억력을 키우는 데 좋은 활동입니다. 아이가 노래의 제목을 맞히면 따라서 함께 부를 수 있도록 해주세요.

아이가 잘 아는 노래 두 개를 동시에
들려줍니다.

노래를 집중해서 듣고, 두 노래의 제
목을 알아내면 손을 듭니다.

노래의 제목을 맞힌 후, 뒷부분을 끝
까지 불러봅니다.

 율동과 함께 부르면 더 신나게 부를
수 있습니다.

 형제자매나 친구와 함께 활동해봅니다. 서로 경쟁하기보다 한 팀이 되어 한 곡씩 맞춰보는 등
도와가며 활동합니다.

청지각

① ② ③
깃발 들기

양손에 깃발을 든 후 구호를 잘 듣고 그에 맞게 깃발을
올렸다 내렸다 하는 활동입니다. 다른 사람의 말을 집중해서 듣고
재빠르게 깃발을 움직여야 하므로 청지각이 향상됩니다.

고유수용싱감각 ★★★☆☆ | 진징김긱 ★★☆☆☆ | 촉각 ★★☆☆☆ | 시지각 ★★★☆☆ | 청지각 ★★★★★

준비물
색종이, 나무젓가락, 테이프

사전 준비
나무젓가락에 색종이를 붙여 깃발을
만듭니다. 아이에게 "파란색 올려." 하면
파란색 깃발을 올리고, "빨간색 올려!" 하면
빨간색 깃발을 올려야 한다고 놀이 방법을
설명해줍니다.

+++ 이런 효과를 기대할 수 있어요

다른 사람의 말소리를 집중해서 듣고 움직이는 활동으로 청각과 운동의 협응력을 향상할 수 있습니다. 소리를 듣고 빠르게
움직여 깃발을 드는 행동은 민첩성을 높일 뿐 아니라 시각적으로 색을 구별해야 하므로 시각과 운동의 협응력도 키울 수
있습니다.

양손에 다른 색의 깃발을 들고 보호자와 마주 보고 앉습니다.

 "시작!" 신호와 함께 깃발 들기 놀이를 시작합니다. "빨간색 올려." "파란색 내려." "둘 다 올려." 등 어러 가지를 지시합니다.

⭐ 아이의 반응을 보고 속도와 난도를 조절해줍니다.

아이와 보호자가 역할을 바꿔 아이가 지시하고 보호자가 깃발을 움직입니다.

 아이가 좋아하는 색으로 여러 가지 색의 깃발을 만들어 활동합니다. 처음에는 한 번에 깃발 하나씩을 올리고 내리는 것으로 시작해서, 익숙해지면 두 개를 동시에 움직이게 하고, 앞이나 뒤로 움직이게 하는 등 다양하게 움직여봅니다.

놀이터·키즈카페

놀이터와 키즈카페는 아이들이 가장 가까이에서 쉽게 접하는 놀이 공간입니다. 이런 공간에서 아이들은 서로 어울리며 자연스럽게 다양한 감각적 경험을 하며 사회적 놀이가 이루어집니다.

놀이터나 키즈카페에서 아이들을 관찰해보면 평소 아이가 좋아하는 감각놀이를 알 수 있습니다. 어떤 아이는 높이 올라가는 놀이를 좋아하고, 어떤 아이는 그네만 종일 탑니다. 이처럼 아이의 감각놀이 선호도를 알면 아이의 놀이를 이해하게 되고 아이가 좋아할 놀이를 찾아서 더 많이 해줄 수 있습니다.

놀이터나 키즈카페는 아이가 다양한 친구를 만나는 곳으로 다른 사람과의 관계를 연습할 수 있는 작은 사회이기도 합니다. 아이는 친구들과 다양한 역할놀이와 몸놀이를 하며 관계 맺기를 연습하게 됩니다.

평소 다른 아이들과 놀이하는 우리 아이를 관찰해보고 감각적 특성을 점검해보세요. 이 공간에서 아이가 어떤 활동을 즐기는지, 그 놀이가 아이에게 어떤 의미가 있는지, 또 어떤 활동으로 확장할 수 있는지 살펴봅니다.

★특정 감각 활동을 선호하는 아이는 지나치게 오랫동안 반복해서 놀이를 할 수 있으니 중간에 휴식시간을 갖게 해 주세요.

★일부 감각에 조심스러운 아이가 놀이 중 도움을 요청했을 때는 즉각 반응해주고, 앞에서 다룬 각 감각별 대응 방법 을 활용해 놀이에 즐겁게 참여할 수 있도록 도와주세요.

고유수용성감각

선호하는 아이	조심스러운 아이
☐ 철봉 매달리기를 오래 한다.	☐ 철봉에 매달리기 어려워한다.
☐ 미끄럼틀을 거꾸로 기어 올라가려 한다.	☐ 사다리를 오르내릴 때 손과 발의 순서를 헷갈려한다.
☐ 볼풀장에서 깊숙이 들어가 있으려고 한다.	☐ 트램펄린에서 점프할 때 자주 넘어진다.
☐ 높은 곳에서 아래로 뛰어내리는 놀이를 좋아한다.	☐ 볼풀 속에 몸을 다 숨기지 못한다.
☐ 미끄럼틀이나 높은 정글짐에 오르는 것을 좋아한다.	☐ 역할놀이나 블록놀이를 할 때 벽이나 옆 친구에게 기댄다.

전정감각

선호하는 아이	조심스러운 아이
☐ 그네를 빙글빙글 타거나 빠른 속도로 타고 싶어 한다.	☐ 발이 땅에서 떨어지는 것을 무서워한다.
☐ 흔들다리를 빠르게 건넌다.	☐ 그네를 탈 때 발이 땅에 닿게 탄다.
☐ 뺑뺑이를 오랫동안 빠른 속도로 타고 싶어한다.	☐ 트램펄린에서 뛰는 것을 싫어한다.
☐ 미끄럼틀을 눕거나 엎드려 빠르게 탄다.	☐ 움직이는 활동보다 역할놀이나 블록놀이 등 앉아서 하는 놀이를 선호한다.
☐ 범퍼카나 자동차놀이를 할 때 세게 부딪치거나 빠르게 탄다.	

촉각

선호하는 아이	조심스러운 아이
☐ 모래 놀이터를 좋아한다.	☐ 모래나 흙이 묻는 것을 싫어한다.
☐ 비 온 후 놀이터에 고인 물에서 놀고 싶어 한다.	☐ 놀이기구를 잡을 때 온도에 민감하게 반응한다.
☐ 편백 조각을 손으로 뿌리거나 발로 밟는 놀이를 좋아한다.	☐ 편백실 안에 들어가지 않으려고 한다.
☐ 키즈카페 세면대에서 손을 오래 씻거나 물놀이를 하려 한다.	☐ 뒤에서 만지거나 친구들이 가까이 다가왔을 때 깜짝 놀란다.
☐ 친구들이랑 신체 접촉하는 것을 좋아한다.	☐ 역할놀이실에서 옷을 갈아입을 때 재질에 민감하게 반응한다.

시지각

선호하는 아이	조심스러운 아이
☐ 놀이터의 표지판이나 특정 모양을 찾는다.	☐ 아이들이 많을 때 내 친구를 찾기 어려워한다.
☐ 그네나 뺑뺑이가 움직이는 것을 따라보는 것을 좋아한다.	☐ 모래 속에 장난감을 숨기고 찾기 어려워한다.
☐ 스크린을 보는 것을 좋아하고 오래 보려고 한다.	☐ 스크린에 움직이는 물체를 따라보기 어려워한다.
☐ 편백이나 조각 안에 숨기고 찾는 놀이를 좋아한다.	☐ 사람이 많은 곳을 싫어하고 쉽게 피곤해한다.
☐ 사람들 무리 속에서 엄마나 친구를 잘 찾는다.	☐ 키즈카페 안에서 방향을 헷갈린다.

청지각

선호하는 아이	조심스러운 아이
☐ 다른 아이들 사이에서 내 친구의 목소리를 잘 구분한다.	☐ 아이들이 많을 때 나는 소리를 견디기 어려워한다.
☐ 놀면서 노래 부르는 것을 좋아한다.	☐ 놀이기구가 삐걱거리는 소리를 힘들어한다.
☐ 망치나 악기놀이와 같이 큰 소리를 내는 놀이를 좋아한다.	☐ 키즈카페에서 나오는 노랫소리를 힘들어한다.
☐ 키즈카페에서 나오는 노래를 즐긴다.	☐ 갑자기 소리를 지르거나 우는 소리를 견디기 힘들어한다.

미끌미끌 미끄럼틀

고유수용성 감각 ★★★★★ | 전정감각 ★★★★☆ | 촉각 ★★★☆☆ | 시지각 ★★☆☆☆ | 청지각 ★☆☆☆☆

앉은 자세로 미끄럼틀 타기

미끄럼틀 끝에 앉아서 내려가는 가장 기본적인 놀이입니다. 미
끄럼틀을 내려갈 때 발을 디뎌 천천히 내려가는지, 가속도 있게
빠른 속도로 내려가는 것을 좋아하는지 관찰해보세요.

➕ **효과** 전정감각과 고유수용성감각을 자극하는 활동입니다. 미끄럼
틀을 타기 위해 몸에 힘을 주고 똑바로 앉는 자세는 코어 근육을 강
화해줍니다.

⭐ **팁** 미끄럼틀을 잡은 손으로 속도를 조절할 수 있습니다. 중력 불안
이 있는 아이의 경우 속도에 예민하게 반응할 수 있으며 갑자기 뒤에
서 미는 등의 행동은 아이의 긴장감을 높일 수 있으니 주의합니다. 이런 아이의 경우 큰 인형이나 탱탱볼과 같이 말랑
한 공을 꽉 안고 타는 것이 긴장 완화에 도움이 됩니다.

엎드린 자세로 미끄럼틀 타기

미끄럼틀에 엎드려서 내려갑니다. 머리가 바닥을 향하게 하여
내려올 수도 있고, 엎드려 발부터 내려올 수도 있습니다.

➕ **효과** 엎드린 자세는 전정감각을 강하게 자극하는 자세로 이 자세
를 좋아하는 아이는 보통 회전하는 놀이나 스릴 있는 활동을 좋아합
니다.

⭐ **팁** 전정감각을 과도하게 좋아하는 아이의 경우 위험에 대한 인지
가 낮을 수 있으니 눕거나 엎드린 자세에서 "하나, 둘, 셋." 하고 숫자를
세어 자세를 정비하고 준비하는 시간을 주세요. 자신의 움직임을 인
식하고 자세를 수정하는 데 도움이 됩니다.

미끄럼틀 거꾸로 올라가기

미끄럼틀 아래에서부터 양옆의 가장자리를 잡고 거꾸로 올라
갑니다. 거꾸로 올라가기 위해 팔과 손에 힘을 주어 잘 잡는지,
발에 힘을 적절하게 주는지 관찰해보세요.

➕ **효과** 미끄럼틀을 거꾸로 올라가는 활동은 고유수용성감각을 강하
게 자극하는 활동입니다. 또한 이 활동은 팔과 다리의 협응을 도우며
몸의 앞뒤·좌·우로 체중을 옮기며 균형 잡는 능력에도 도움이 됩니다.

⭐ **팁** 얼음땡 놀이를 이용해 미끄럼틀 중간에서 멈춘 자세를 하게 해
보세요. 경사면에서 균형을 잡는 능력을 키워줍니다.

매달리기

철봉을 두 손으로 잡고 매달립니다. 잡은 자세를 잘 유지할 수 있는지, 오래 매달릴 수 있는지 관찰해보고, 더 오래 매달리도록 응원해주세요.

➕ **효과** 팔로 중력에 대항하여 체중을 지탱하는 활동으로 고유수용성감각을 자극하는 활동입니다. 각성을 낮추거나 진정 활동으로 좋으며 손의 쥐는 힘을 향상할 수 있습니다.

⭐ **팁** 매달리기를 어려워하는 아이는 발판을 준비해줍니다. 아이가 발을 떼지 못한다고 매달리는 놀이에 의미가 없는 것은 아닙니다. 까치발을 들어 체중을 실어 보는 것만으로도 효과가 있습니다.

다리 꼬아 매달리기

두 손으로 철봉을 잡고 철봉 위에 다리를 교차해서 걸고 매달립니다. 머리를 아래로 향한 자세는 온몸에서 전정감각과 함께 강한 고유수용성감각 자극을 느낄 수 있습니다.

➕ **효과** 머리가 뒤로 젖혀지는 자세는 전정감각을 크게 자극하는 자세입니다. 전정감각 활동(빙글빙글 돌기, 높은 곳에서 뛰어내리기 등)을 좋아하는 아이들에게 좋은 놀이입니다. 또 이 자세는 몸통의 코어 근육을 강화하는 데 도움이 됩니다.

⭐ **팁** 전정감각 자극을 무서워하는 아이는 작은 자극에도 예민하게 반응하므로 이 자세가 너무 자극적일 수 있습니다. 조심스러운 아이가 시도하고 싶어한다면 무리하지 말고 다른 아이들을 충분히 관찰한 후에 시도하게 해주세요.

몸 흔들기

철봉을 두 손으로 잡고 매달려 앞뒤로 흔들어보고, 몸을 흔드는 반동을 이용해 뛰어내려 착지합니다. 아이가 두 발을 동시에 땅을 짚으며 착지할 수 있는지 지켜봐주세요.

➕ **효과** 철봉에 매달려 몸을 흔드는 활동은 전정감각 자극을 차츰 높이는 활동입니다. 이 활동을 하면서 착지 지점에 뛰어내리는 동작은 거리감과 협응력을 키울 수 있으며 착지 지점과 몸과의 거리 조절을 하면서 고유수용성감각을 느낄 수 있습니다.

⭐ **팁** 착지 지점의 위치를 변경하면서 난이도를 조절합니다.

흔들흔들 그네

고유수용성 감각 ★★★★★ | 전정감각 ★★★★★ | 촉각 ★★★☆☆ | 시지각 ★★☆☆☆ | 청지각 ★☆☆☆☆

그네 앉아서 타기

그넷줄을 두 손으로 잡고 앉아서 그네를 탑니다. 그네가 움직일 때 떨어지지 않고 자세를 유지할 수 있는지, 아이가 올라가고 내려가는 그네의 움직임에 맞게 몸을 흔들고 힘을 주어 그네의 속도를 높일 수 있는지 관찰해보세요.

➕ **효과** 몸통을 세우고 앉는 자세는 직립 반응과 몸의 중심을 알고 균형을 잡는 데 좋은 자세입니다. 앞뒤로 그네를 타는 것은 전정감각과 함께 고유수용성감각을 크게 자극하는 활동입니다.

⭐ **팁** 앉은 자세에서 뛰어내려 서서 착지하는 활동을 할 수 있습니다.

그네 서서 타기

선 자세에서 그넷줄을 잡고 앞뒤로 흔듭니다. 아이는 그네의 움직임에 맞게 몸통과 무릎을 굽혔다 펴면서 그네의 속도를 조절합니다.

➕ **효과** 그네에 서서 타는 자세는 몸 전체의 균형을 유지하는 데 좋은 자세입니다. 그네를 더 빨리 타기 위해 무릎을 굽히고 손에 힘을 주는 자세는 팔과 다리의 협응력을 키워줍니다.

⭐ **팁** 서서 타기를 어려워하는 아이는 그네를 서서 탈 때 무릎을 굽히는 자세에 어려움이 있을 수 있습니다. 올라갔다 내려오는 타이밍에 하나, 둘 구령에 맞추어 연습하게 합니다.

그네 엎드려 타기

그네 위에 엎드려서 탑니다. 그네의 속도와 움직임에 따라 아이의 몸과 머리의 위치가 달라지면서 전정감각에 자극을 줍니다.

➕ **효과** 엎드린 자세는 머리를 땅으로 향하는 자세로 전정감각에 자극을 줄 수 있습니다. 땅에 직접 발을 굴러 그네의 속도를 조절할 수 있으므로 예민하거나 앉아서 타기 힘든 아이라도 편안하게 시도해볼 수 있습니다.

⭐ **팁** 엎드린 자세로 바닥에 그림을 그리거나 장난감을 잡아 옮기는 등의 활동을 같이해봅니다.

그넷줄 꼬아 타기

그네에 앉은 후 빙글빙글 돌려 그넷줄이 꼬이게 합니다. 아이가 힘을 풀면 그네가 반대 방향으로 강하게 빙글빙글 돌아갑니다.

➕ **효과** 그네를 빙글빙글 돌려 타는 것은 전정감각과 회전감각에 큰 자극을 줄 수 있습니다.

✪ **팁** 전정감각 활동을 선호하는 아이 중에 어지럼증을 잘 느끼지 못하는 아이가 있을 수 있으니 5분 정도 활동 후에 2분 정도는 쉬어주는 것이 좋습니다. 어지럼증을 과도하게 호소한다면 손바닥을 꾹꾹 눌러주거나 꽉 안아서 진정시킵니다.

그네 같이 타기

두 아이가 서로 등을 맞대고 그넷줄을 잡고 탑니다. 꽉 낀 자세에서 고유수용성감각을 느끼며 그네를 탑니다.

➕ **효과** 친구와 함께 그네를 같이 타는 것은 고유수용성감각을 자극하는 것과 동시에 좁은 그네에 몸을 끼어 타면서 자기 몸에 대한 인식도 높일 수 있습니다.

✪ **팁** 한 명은 앉아서 타고 한 명은 서서 타기 등 다른 자세로 활동합니다.

---

04 올라갔다 내려갔다 시소

고유수용성 감각 ★★★★★ | **전정감각** ★★★★☆ | **촉각** ★★☆☆☆ | **시지각** ★★☆☆☆ | **청지각** ★☆☆☆☆

시소 앉아서 타기

두 명의 아이가 시소의 끝에 각각 앉습니다. 아이들은 발이 땅에 닿은 채로 무릎을 굽혔다 폈다 하면서 흔들거리며 탈 수 있고, 땅을 박차고 서로 높이 올라갈 수도 있습니다.

➕ **효과** 높이 떴다 내려오는 활동은 중력에 대해 몸을 반대로 움직였다 돌아오는 자세로 고유수용성감각을 자극하는 활동입니다. 또한 땅을 박차는 자세를 통해 팔과 다리의 협응 활동을 할 수 있으며 반대편에 앉은 친구의 타이밍을 맞추는 것은 운동 계획 및 실행 활동의 경험이 됩니다.

✪ **팁** 높이 올라간 상태에서 보이는 것을 하나씩 이야기하는 놀이를 해봅니다.

빙글빙글 뺑뺑이

고유수용성 감각 ★★★★★ | 전정감각 ★★★★★ | 촉각 ★★☆☆☆ | 시지각 ★★★☆☆ | 청지각 ★☆☆☆☆

뺑뺑이 타기

돌아가는 뺑뺑이 안에서 회전 자극을 느낍니다. 전정감각 자극을 좋아하는 아이는 빨리 돌아가는 뺑뺑이를 좋아합니다. 아이는 앉아서도 탈 수 있으며 선 자세에서 손잡이를 잡고 탈 수도 있습니다.

➕ **효과** 아이는 회전 자극을 통해 전정감각을 느끼며 돌아가는 뺑뺑이 안에서 자세를 유지하려고 하면서 평형감각을 발달시킬 수 있습니다. 회전 자극을 좋아하는 아이는 모험심이 강하며 스릴 있는 활동을 좋아합니다. 그런 아이에게는 무조건 활동을 금지하기보다 안전 규칙을 지키며 즐겁게 활동하게 해주세요. 충분한 전정감각의 자극은 안전에 대한 인지를 높이고 감각계 균형을 위해 좋습니다.

⭐ **팁** 선 자세, 앉은 자세 등 다양한 자세에서 뺑뺑이를 탈 수 있습니다. 아이에게 회전수를 세어보라고 할 수도 있습니다.

뺑뺑이 돌리기

아이가 뺑뺑이 놀이기구 밖에서 기구를 잡고 돌립니다. 이 활동은 기구를 한 손으로 돌리면서 속도에 맞게 뛰어야 하므로 생각보다 어려울 수 있습니다.

➕ **효과** 뺑뺑이를 돌리는 활동은 전정감각 자극과 함께 신체 모든 부분에 고유수용성감각 자극을 줍니다. 아이는 손잡이를 잡고 바닥을 달리면서 회전감각과 함께 고유수용성감각을 느끼며 팔과 다리의 협응 활동을 합니다.

⭐ **팁** 뺑뺑이 안에 타고 있는 다른 아이의 표정이나 반응을 관찰하게 해주세요. 다른 아이의 반응을 관찰하며 주도적으로 속도와 횟수를 조절할 수 있습니다.

다그닥다그닥 말타기

고유수용성 감각 ★★★★★ | 전정감각 ★★★★☆ | 촉각 ★★☆☆☆ | 시지각 ★★☆☆☆ | 청지각 ★☆☆☆☆

앉아서 말타기

손잡이를 두 손으로 잡고 말을 흔들어 말타기 놀이를 합니다. 아이가 스스로 말에 올라타고 내려오는 과정을 통해 자신의 신체를 조절할 수 있으므로 혼자 타고 내리도록 기다려주세요.

➕ **효과** 손잡이를 잡고 몸을 앞·뒤·좌·우로 흔듭니다. 아이는 머리의 위치에 따라 전정감각을 느끼며 몸을 누르고 떼는 동작을 통해 고유수용성감각을 느낍니다. 이러한 활동은 아이가 자기 몸의 중심을 알게 하는 데 도움이 됩니다.

⭐ **팁** 아이가 말타기를 좋아하면 보호자가 옆에서 더 세게 흔들어주세요.

07

갸우뚱갸우뚱 흔들다리

고유수용성 감각 ★★★★★ | 전정감각 ★★★★☆ | 촉각 ★★☆☆☆ | 시지각 ★★★☆☆ | 청지각 ★☆☆☆☆

천천히 걸어서 흔들다리 건너기

손잡이를 잡고 흔들다리를 건너갑니다. 천천히 움직이면서 흔들거리는 움직임을 느껴보고 균형 잡는 연습을 해봅니다.

➕ **효과** 아이가 천천히 중심을 잡고 흔들다리를 건너거나 중간에 멈춰서 흔들다리를 흔드는 활동은 외부 자극에 따라 몸이 흔들리는 저항에 중심을 잡고 자신의 움직임을 조절해보는 경험입니다. 하지만 절대 아이에게 모험을 강요하거나 재촉하지 말고 기다리고 응원해주세요. 아이는 스스로 움직임을 조절하고 균형을 잡는 중입니다.

⭐ **팁** 아이의 성향에 따라 발을 번갈아 앞으로 나아갈 수도 있고, 두 발을 모으며 걸어갈 수도 있습니다. 아이의 변화를 관찰해서 이야기하고 칭찬해주세요.

성큼성큼 빠르게 흔들다리 건너기

빠른 속도로 흔들다리를 건너봅니다. 보폭을 크게 하여 건너거나 폴짝폴짝 뛰어서 지나갈 수도 있습니다.

➕ **효과** 폴짝 뛰거나 큰 힘으로 땅을 딛는 것은 고유수용성감각을 크게 자극하는 활동으로, 아이의 관절에 압박을 주어 아이가 자신의 몸을 인지하고 사용하는 데 도움이 됩니다.

⭐ **팁** 다리의 폭을 확인한 뒤 안전에 유의해 건너게 해주세요. 시간을 정해서 시간에 맞춰 들어오는 활동을 할 수도 있습니다.

08 영차영차 암벽타기

고유수용성 감각 ★★★★★ | 전정감각 ★★★★☆ | 촉각 ★★★☆☆ | 시지각 ★★★★☆ | 청지각 ★☆☆☆☆

암벽 잡고 올라가기

두 손과 두 발을 사용하여 암벽을 올라가는 과정에서 팔과 다리를 교차해보는 경험을 할 수 있으며, 손의 힘을 키울 수 있습니다.

➕ **효과** 손과 발의 협응 활동이자 움직임을 계획하는 활동으로 자기 몸의 길이를 알고 암벽과의 거리를 측정할 수 있습니다. 땅으로부터 높이 올라감으로써 중력에 대항하는 고유수용성감각 자극을 높일 수 있습니다.

⭐ **팁** 아이가 어려워하면 발 디디기 쉬운 곳에 순서대로 스티커를 붙여 시각적 힌트를 줄 수 있습니다. 또한 암벽 위에 물건을 올려놓고 가져오는 활동으로 성취감을 높일 수 있습니다.

09 슝 날아간다 볼풀놀이

고유수용성 감각 ★★★★★ | 전정감각 ★★★☆☆ | 촉각 ★★★★☆ | 시지각 ★★★★★ | 청지각 ★☆☆☆☆

공 맞히기

화면에서 움직이는 물체를 따라보고 공을 잡아 물체를 맞힙니다. 친구와 함께 누가 잘 맞히는지 게임을 할 수도 있습니다.

➕ **효과** 시각-운동 협응력을 향상하고 움직임 및 힘의 세기를 조절할 수 있습니다. 화면에서 캐릭터가 움직이는 경우가 많으므로 눈으로 따라가며 시각추적 기능을 향상할 수 있을 뿐 아니라 눈과 손 협응의 발달에도 도움이 됩니다.

✴ **팁** 화면이 없는 곳이라면 바구니나 작은 통을 준비하여 앞이나 위에서 보호자가 들어주세요. 공을 던져 넣는 놀이로 확장할 수 있습니다. 아이가 잘한다면 통의 위치를 이리저리 움직여 가며 놀이합니다. 성공 시 보호자의 반응이 클수록 아이들은 재미있어합니다.

볼풀 몸놀이

볼풀장으로 뛰어들거나 깊은 곳으로 몸을 숨깁니다. 엎드린 자세에서 팔다리를 흔들어보거나 다리를 흔들어 볼풀이 위로 튀게 할 수 있습니다.

➕ **효과** 볼풀장 안에서 자신의 신체를 다양하게 움직이면서 자세를 조절하는 경험을 합니다. 볼풀이 온몸에 닿으면서 고유수용성감각과 함께 촉각이 자극됩니다.

✴ **팁** 볼풀장에서 엎드리거나 길어서 **볼풀 수영**을 하며 **목표지점**까지 가는 놀이를 할 수 있습니다. 볼풀 안에서 제자리 뛰기, 높은 곳에서 뛰어내리기 등을 해봅니다.

10 부릉부릉 탈것놀이

고유수용성 감각 ★★★★★ | 전정감각 ★★★★☆ | 촉각 ★★★☆☆ | 시지각 ★★★★☆ | 청지각 ★★☆☆☆

자동차놀이

자동차를 타고 원하는 방향으로 가기 위해 핸들을 조절하거나 발로 땅을 짚어 멈추거나 다시 출발합니다.

➕ **효과** 자동차를 발로 구르며 손으로 운전하는 활동은 팔다리의 협응 능력을 기를 수 있습니다. 속도를 내다가 신호등(없다면 보호자가 신호를 줍니다) 불빛에 따라 갑자기 멈추고 출발하는 것은 민첩성을 발달시키는 데도 도움을 줍니다. 또한 안전과 관련된 주의를 시키기에 적합한 활동입니다.

✴ **팁** 중간에 블록이나 볼링핀 등으로 장애물을 설치하여 왼쪽, 오른쪽으로 움직이게 하여 난도를 높일 수 있습니다.

범퍼카놀이

아이가 자신의 자동차를 운전해 다른 아이의 자동차에 부딪
히게 합니다. 자동차끼리 부딪치는 것을 싫어하는 아이는 벽의
매트에 부딪혀봅니다.

➕ **효과** 자동차와 자동차끼리 부딪치면 타고 있는 아이는 몸이 흔들
리지 않도록 힘을 줍니다. 이러한 활동은 몸의 안정성을 유지하는 데
도움이 되며, 자동차가 넘어지지 않도록 힘을 주어야 하므로 고유수
용성감각을 자극합니다.

⭐ **팁** 어린 영유아는 몸이나 머리가 세게 흔들리면 위험할 수 있으
므로 보호자와 함께 놀이해주세요. 자동차를 부딪치기 힘들어하면 주변의 벽돌 블록이나 인형들을 무너뜨리며 놀이
할 수 있습니다.

---

11 후드득 떨어져요 편백놀이

고유수용성 감각 ★★★★★ | 전정감각 ★★☆☆☆ | 촉각 ★★★★★ | 시지각 ★★★☆☆ | 청지각 ★★☆☆☆

숨기고 찾기

편백 조각 무더기 속에 손이나 발을 넣고 찾습니다.

➕ **효과** 엄마의 손과 발을 편백 조각 무더기 안에 숨기고, 보지 않고
손의 느낌만으로 엄마의 손인지 발인지 찾아내는 과정을 통해 신체
감각을 향상할 수 있습니다.

⭐ **팁** 편백 조각이 발이나 손에 끼는 것을 싫어하는 아이는 양말을
신거나 얇은 장갑을 끼고 활동합니다. 잘하는 아이의 경우 작은 장난
감을 찾고 숨기는 놀이로 난도를 높입니다.

편백 공사장

편백 조각을 사용하여 공사장 놀이를 합니다. 삽이나 포클레인
장난감 등 다양한 도구를 사용해 놀이할 수 있습니다.

➕ **효과** 다양한 도구를 사용해서 편백 조각을 퍼서 담는 활동을 통
해 쥐기, 잡기 능력을 키울 수 있습니다. 또한 아이가 스스로 힘을 얼
마나 주어 어떤 방향으로 움직여야 하는지 배우며, 움직임 조절 능력
을 향상할 수 있습니다.

⭐ **팁** 도구 사용이 미숙하거나 삽을 쥐는 힘이 약한 아이는 두 손
을 모아 편백 조각을 담도록 해주세요.

편백 눈 모으기

편백 조각을 손으로 모아 눈처럼 위에서 아래로 뿌리고, 떨어진 조각을 손으로 모아 바구니에 담아봅니다.

➕ **효과** 편백 조각이 위에서 아래로 떨어지는 것을 보며 시각추적 능력이 향상되며, 어디에 떨어지는지 확인하며 바구니를 옮기는 과정을 통해 눈과 손의 협응력이 발달합니다.

✪ **팁** 아이의 수준에 따라 편백 조각이 떨어지는 양과 높이를 조절합니다. 바구니도 넓은 바구니에서 좁은 바구니로 바꾸어 난도를 높일 수 있습니다.

작은 통에 편백 조각 넣기

편백 조각을 손끝으로 잡아 작은 통에 넣습니다.

➕ **효과** 작은 통이나 병에 편백 조각을 손끝으로 잡아 집어넣으며 소근육 발달과 함께 눈과 손의 협응력이 발달합니다. 한 손에 많은 양의 편백을 쥐고 손바닥에서 손끝으로 옮겨서 활동하면 손의 조작 능력을 더욱 향상할 수 있습니다.

✪ **팁** 다양한 크기의 집게를 사용해서 편백을 옮기는 활동으로 손으로 쥐기 활동을 다양하게 해봅니다.

---

12 점프점프 트램펄린

고유수용성 감각 ★★★★★ | 전정감각 ★★★★★ | 촉각 ★★☆☆☆ | 시지각 ★★★☆☆ | 청지각 ★★☆☆☆

높이 점프하기

트램펄린 위에서 무릎을 구부렸다 펴서 높이 점프합니다. 친구들과 함께 뛰면 더 높이 점프할 수 있습니다.

➕ **효과** 제자리에서 높이 뛰는 것은 대표적인 전정-고유수용성감각 활동입니다. 머리의 위치가 위아래로 바뀌며 발을 쿵쿵 구르는 활동을 통해 자신의 몸이 어느 방향으로 움직이는지, 어디에 힘을 주어야 더 높이 움직일 수 있는지 알 수 있습니다.

✪ **팁** 목적 없이 반복하여 뛰는 것을 지루해한다면 보호자가 옆에서 아이가 좋아하는 장난감을 높이 들어 뛰어서 잡아보도록 합니다. 잡아야 하는 물건을 정해놓고 잡는 높이를 위로 점점 높여 난도를 조절해주세요.

다양한 방향과 자세로 일어서며 점프하기

트램펄린 위에서 앉았다 일어서거나 다양한 방향으로 점프합니다. 점프하며 몸을 비틀거나 방향을 바꿀 수 있습니다.

➕ **효과** 앞에서 뒤로, 뒤에서 앞으로, 또는 앉았다 일어서며 점프하는 과정을 통해 자신의 몸을 어떻게 사용할 수 있는지 인식할 수 있습니다. 아이 스스로 다양한 방향과 자세로 점프하며 운동 계획성(자세를 조절하거나 어떤 한 움직임을 하기 위해 준비하는 것)이 발달합니다.

⭐ **팁** 주변에 다른 아이들이 함께 뛰면 의도한 방향으로 가지 못할 수 있습니다. 예측하지 못한 움직임은 아이에게 즐거움을 줄 수 있으나, 예민한 아이의 경우 놀랄 수도 있습니다. 따라서 아이의 기질과 나이에 따라 혼자 놀이할 것인지 친구들과 함께할 것인지 고려하여 놀이할 수 있게 해주세요.

트램펄린 경사로 기어 올라가 내려오기

트램펄린과 연결된 경사로를 기어 올라간 후, 경사로를 뛰거나 미끄러져서 내려옵니다.

➕ **효과** 손과 발을 교차하여 기어오르며 양측 협응 및 팔다리 발달을 향상할 수 있고, 팔다리에 고유수용성감각도 느끼게 됩니다. 옆으로 데굴데굴 굴러 내려오거나 앉아서 내려오기 등 다양한 자세로 내려오면 가속도가 있는 전정감각 활동이 될 수 있습니다.

⭐ **팁** 기어오르고 내려올 때는 주변 친구들과 방향이 달라 서로 부딪치지 않도록 항상 안전에 주의가 필요합니다. 내려올 때 지나치게 빠르게 내려오거나 굴러서 내려오면 전정감각이 과도하게 자극되어 아이가 흥분할 수 있으므로 속도를 조절하게 해주세요.

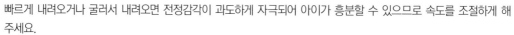

13 누가누가 많이 잡나 낚시놀이

고유수용성 감각 ★★★★★ | 전정감각 ★★★☆☆ | 촉각 ★★★☆☆ | 시지각 ★★★★★ | 청지각 ★☆☆☆☆

물고기 잡기

엎드리거나 앉아서 자석 낚싯대를 이용해 물고기를 잡습니다. 낚싯대를 움직여 물고기의 자석 부분에 맞추어 대고 천천히 들어 올립니다.

➕ **효과** 엎드리거나 앉은 한 가지 자세를 유지하는 것은 고유수용성 감각을 통해 자세 조절에 도움을 줍니다. 또한 물고기를 잡고 낚싯대로 끌어올리는 과정을 통해 눈과 손의 협응력과 시지각 발달이 향상됩니다.

★ 팁 낚싯대의 줄이 길면 길수록 물고기를 정확하게 잡기 어렵습니다. 낚시놀이를 힘들어한다면 줄의 길이를 짧게 조절하거나 물고기의 위치를 잡기 쉬운 곳에 다시 놓아 첫 시도가 성공할 수 있도록 도와주세요.

14 높이 더 높이 블록놀이

고유수용성 감각 ★★★★★ | 전정감각 ★★★☆☆ | 촉각 ★★★☆☆ | 시지각 ★★★★★ | 청지각 ★☆☆☆☆

블록 높이 쌓기

큰 블록을 양손으로 잡아 자신의 키보다 높이 쌓을 수 있습니다. 블록을 연결해 집이나 벽을 만들고 부숩니다.

➕ 효과 커다란 블록을 이용해 자신의 키보다 높이 쌓으며 깊이지각과 공간지각 능력을 향상할 수 있습니다. 블록을 여러 개 옮기는 과정을 통해 손과 팔의 고유수용성감각을 자극할 수 있으며 자신의 신체가 이렇게 움직이는지 더욱 잘 느낄 수 있습니다.

★ 팁 어린아이라면 블록을 누가 높이 쌓는지 시합해보고 마지막에 발이나 주먹으로 쳐서 쓰러뜨릴 수 있습니다. 쌓기놀이를 잘한다면 집이나 자신의 공간 등을 계획해서 만든 후, 역할놀이로 확장할 수 있습니다.

3~7세 우리 아이 발달을 자극하는 감각 놀이 172

감각통합놀이

초판 1쇄 발행 2021년 2월 22일
초판 8쇄 발행 2024년 5월 1일

지은이 | 석경아, 변미선, 강은선

펴낸이 | 박현주
디자인 | 인앤아웃
책임 편집 | 김정화
활동 사진 | 석경아
표지 사진 | 홍덕선
아이 모델 | 노하은, 노하진
인쇄 | 도담프린팅

펴낸 곳 | (주)아이씨티컴퍼니
출판 등록 | 제2021-000065호
주소 | 경기도 성남시 수정구 고등로3 현대지식산업센터 830호
전화 | 070-7623-7022
팩스 | 02-6280-7024
이메일 | book@soulhouse.co.kr

ISBN | 979-11-88915-41-5 13590